MEIHUAGONG HANGYE
LÜSE GONGCHANG CHUANGJIAN YU PINGJIA

煤化工行业
绿色工厂
创建与评价

张瑞梅 郭勇 张凯 蒋高鹏
等 编著

化学工业出版社
·北京·

内 容 简 介

本书系统地介绍了煤化工行业绿色工厂创建与评价的相关内容。从我国煤化工行业绿色工厂基本情况、创建和评价三个方面分析了煤化工行业绿色工厂的发展现状，介绍了煤化工行业绿色工厂创建的重点，解读了煤化工行业绿色工厂评价标准及要求，最后以神华新疆化工有限公司为例，具体分析、评价了其绿色工厂的创建情况，并给出了具有针对性的发展规划和建议，以期给同行业绿色工厂的创建提供参考。

本书可作为煤化工行业绿色工厂创建和评价的政府部门、企业、研究机构及服务机构的相关管理者、从业人员的参考书。

图书在版编目（CIP）数据

煤化工行业绿色工厂创建与评价 / 张瑞梅等编著
. —北京：化学工业出版社，2023. 11
　　ISBN 978-7-122-44091-4

　　Ⅰ.①煤… Ⅱ.①张… Ⅲ.①煤化工-无污染技术-研究 Ⅳ.①X784

中国国家版本馆 CIP 数据核字（2023）第 167463 号

责任编辑：于　水
责任校对：王鹏飞
装帧设计：刘丽华

出版发行：化学工业出版社
　　　　　（北京市东城区青年湖南街 13 号　邮政编码 100011）
印　　装：北京建宏印刷有限公司
710mm×1000mm　1/16　印张 13　字数 231 千字
2023 年 11 月北京第 1 版第 1 次印刷

购书咨询：010-64518888
售后服务：010-64518899
网　　址：http://www.cip.com.cn
凡购买本书，如有缺损质量问题，本社销售中心负责调换。

定　　价：128. 00 元

"碳减排"已成为国际共识，煤化工行业作为实现"碳达峰，碳中和"目标的重要参与主体，实行低碳绿色发展势在必行。2022年2月，国家发改委、国家能源局发布《关于完善能源绿色低碳转型体制机制和政策措施的意见》明确指出，能源生产和消费相关活动是最主要的碳排放源，大力推动能源领域节能减排是实现碳达峰碳中和目标的重要途径。国务院在最新发布的《2030年前碳达峰行动方案》中明确指出，要将"双碳"工作贯穿于经济社会发展全过程和各方面，重点实施能源低碳转型行动等碳达峰十大行动。2022年两会期间，习近平总书记在参加十三届全国人大五次会议内蒙古代表团的审议时强调，"以煤为主的能源结构短期内难以根本改变，要积极稳妥推进碳达峰碳中和工作"。煤化工行业绿色工厂创建既是全行业既定战略目标，同时也是"碳减排"工作立足行业内企业生产现状，稳中求进、有序推进的必然选择。

对于煤化工行业绿色工厂的创建，多数研究仅围绕绿色工厂的某一特定环节进行分析，比如废水处理、废物处理、节能降碳等，或是从管理、评价等单方面着手，且其内容针对特定环境或对象，不具有普遍参考意义。本书通过搜集整理相关文献，将煤化工企业绿色工厂创建过程中涉及的理论、生产技术、各环节现存问题及解决方案进行整合，试图为煤化工行业的绿色工厂创建提供普适参考。

本书共分为8章，第1章概述了绿色制造的基本内容和工业绿色发展历程；第2章介绍了煤化工行业绿色发展现状及未来发展需求和绿色工厂创建的基本要求，并介绍了一些典型的煤化工绿色工艺技术；第3章对煤化工行业的节能减排及水资源利用现状、存在问题及解决方案等进行阐述；第4章从煤化工企业的资源综合利用视角出发，详细介绍了煤化工生产过程中产生的废水、废物、粉尘、煤渣及硫化物的主要成分、类型特点以及对应的处理技术；第5章介绍了绿色工厂管理体系的一系列内容，包括其框架、建立、运行及优化，并对建立管理体系一体化进行剖析；第6章对煤化工企业在绿色发展信息披露环节中的相关理论、信息披露重要性、要点及完善策略进行总结；第7章通过评价体系构建原则建立具有普适性的煤化工行业绿色工厂评价指标体系，并介绍了绿色工厂评价的具体流程及评价方法；第8章对神华新疆化工有限公司绿色工厂的创建和评价案例进行分析介绍。

本书是对课题组多年来在煤炭生产和煤化工领域节能降碳相关研究成果的系统总结。所列出的研究方法和研究结果可供煤化工绿色工厂创建、评价、基础设施建设、管理体系优化、污染物处理以及典型绿色工艺与技术等相关领域的科研人员和一线生产管理人员参考。

本书各章编写人员具体如下，第 1 章：蒋高鹏、高梦龙、郭勇；第 2 章：张瑞梅、金睿、梅晨；第 3 章：蒋高鹏、任晓辉、高梦龙；第 4 章：蒋高鹏、梅晨、高梦龙；第 5 章：蒋高鹏、刘慧慧、梅晨；第 6 章：张凯、杨康、李晓楠；第 7 章：张凯、黄瑞舒、宋鑫龙；第 8 章：张凯、刘萌第、张本峰。全书由蒋高鹏、梅晨、高梦龙统稿，张凯审定。

本书主要研究内容得到了 2020 年新疆人才引进计划项目、国能新疆化工有限公司"新疆化工煤制聚烯烃气化渣标准创建及处置利用（GJNY-20-194）"、国家能源集团 2030 重大项目先导项目"干旱生态脆弱区煤炭基地生态修复与保护研究——露天排土场生态重构技术（GJNY2030XDXM-19-03.2）"、国家能源集团"煤基大宗固废生态综合利用技术研发与示范（GJNY-22-71）"、国家能源集团科技创新项目"西部典型生态脆弱区煤矿山水林田湖草一体化生态系统修复研究与工程示范（202016000041）"、国家能源集团"基于无害化的煤矸石土地整治与复垦技术研究与工程示范（E210100485）"、国家自然科学基金面上项目"磁性纳米细菌传感器研制及其与复合污染土壤作用机理研究"项目的资助。此外，本书的出版还得到了国家能源集团新疆化工有限公司、国能新疆红沙泉能源有限责任公司、国家能源集团新疆能源有限责任公司等单位的支持。

由于时间和编著者学术水平有限，书中疏漏和不足之处在所难免，敬请各位专家和读者批评指正。

编著者

2023 年 7 月

目录

第 1 章
绿色制造总体概述与发展历程 / 001

第 2 章
煤化工行业绿色制造与绿色工厂创建 / 019

第 3 章
煤化工行业节能减排与水资源利用 / 044

第4章
煤化工企业资源综合利用 / 064

第 5 章
煤化工企业绿色工厂管理体系的建立与优化 / 094

第 6 章
煤化工企业绿色发展信息披露 / 108

第7章
煤化工行业绿色工厂评价指标体系构建及评价 / 121

第8章
神华新疆化工有限公司绿色工厂的创建和评价 / 146

第1章

绿色制造总体概述与发展历程

1.1 推行绿色制造的背景和意义

1.1.1 推行绿色制造的背景

自 21 世纪以来，生态文明建设成为全球发展重点。2022 年 10 月 16 日，国家主席习近平于中国共产党第二十次全国代表大会上明确强调：积极稳妥推进碳达峰碳中和，立足我国能源资源禀赋，坚持先立后破，有计划分步骤实施碳达峰行动，深入推进能源革命，加强煤炭清洁高效利用，加快规划建设新型能源体系，积极参与应对气候变化全球治理。绿色制造是指以绿色理念为指导，集绿色设计、绿色工艺、绿色生产、绿色包装等为一体的科学技术。绿色制造是企业作为社会的微观经济单元参与可持续发展所采取的积极行动，是其力图通过有效的管理实现企业经济效益、社会效益和生态效益三者之间协调发展的有益尝试。近年来的实践表明，绿色制造已成为企业实现可持续发展的有效途径，我们有理由相信其必将成为企业未来的发展趋势和参与竞争的有力武器。因此，企业绿色制造成为学术界和企业界关注的焦点。本文选择"企业绿色制造"这一主题，基于以下六点认识。

（1）全球性环境恶化的压力

环境问题是随着人类社会和经济的发展而产生的。在第一次工业革命之前，人类活动对环境的影响还是局部的，两次工业革命和两次世界大战的爆发，极大地刺激了工业和科学技术的发展，使得环境问题更加尖锐和突出。20 世纪著名的"八大公害事件"就是典型代表。企业是经济的基本细胞，是自然资源的主要消耗者，也是环境污染的主要制造者，要改变全球环境恶化趋势，就必须改变企业传统的生产经营管理模式，走可持续发展道路。

（2）绿色消费的牵引力

随着社会的发展和进步，人们的环保意识逐渐增强，思维方式、价值观念乃至消费心理和消费行为也发生了很大变化。人们不但要求产品对身体健康无害，还要求不会对环境造成破坏，一股强大的"绿色消费"热潮正在兴起。市场调研显示，在美国有90%的消费者会选用绿色产品，在日本有89%的消费者会选用绿色产品，在我国也有70%的消费者乐于使用绿色产品。有专家预测，今后10年间，世界绿色产品需求将从现在的110亿美元增加到1000亿美元，企业只有顺应这种消费需求的变化，迅速调整生产经营方向，才能赢得市场的主动权，才可求得企业自身的生存与发展。

（3）绿色贸易壁垒的鞭策力

绿色贸易壁垒是指以保护人类和动植物的生命、健康或安全，保护生态或环境为由而采取的直接或间接限制，甚至禁止贸易的法律、法规、政策与措施，主要通过设置非常苛刻的强制性环境保护和卫生检疫标准来排挤外国产品并限制其进口，表现为环境技术标准、绿色包装制度、卫生检疫制度、国际和区域性的环保公约、国家法规和标准，ISO 14000环境管理体系和环境标志等形式。必须认识到，这些标准是外在市场竞争所强制要求的，也是我国企业改革、经济发展战略实施的内在要求。要想冲破绿色贸易壁垒、赢得国际贸易竞争优势，全面实施绿色管理是企业的必然选择。

（4）可持续发展的感召力

可持续发展是指在对资源实行最优利用的基础上，人口、资源、环境与经济、社会的和谐发展，经济的持续性构成了可持续发展的重要内容，而生态环境和自然资源的持续性又是经济可持续发展的前提。可持续发展是一种全新的发展观，是人类从对地球生态环境的认识发展到对经济增长模式的认识发展的体现，标志着人类认识水平的极大提高。将这一思想应用到经济领域，就是发展绿色经济；应用到企业管理领域，就是要发展绿色企业，实施绿色管理。

（5）绿色投资的吸引力

由于绿色消费需求的迅速扩大，绿色产业成为市场的新宠，受到了人们的普遍欢迎和各国政府的积极扶植，越来越多的国家政府和银行不断增加"绿色投资"，力求在未来国际绿色市场上获得竞争优势。美国、德国、日本、韩国等相继出台了绿色产业的投资计划，并不断加大投资力度，目的是促使产业结构和能源结构向与环境协调的方向转变。联合国有关组织对90家投资和商业银行的调查显示，今后15年全世界向"绿色工程"投资和贷款的银行数量将增加2倍，投资和贷款金额将增加6倍。可见，只有经过"绿色"洗礼的企业才能吸引更多投资者的关注，才更能适应21世纪竞争激烈的市场。

（6）各种政策、法规的推动力

全球性的环境恶化引起了国际社会的极大关注，环境管理观念发生了根本变革，多种环境管理手段并存，其组成是"革命＋控制＋市场调节＋观念更新"。为了适应这种变化，加拿大、美国、日本、欧盟各国、巴西、韩国、印度尼西亚等相继出台各种形式的政策和措施来保护环境。我国也在积极地制定各项政策，2022年4月20日国务院常务会议提出能源是经济社会发展的基础支撑，要发挥煤炭的主体能源作用，通力合作优化煤炭企业生产、项目建设等核准审批政策，落实地方稳产保供责任，充分释放先进产能。推进煤炭清洁高效利用，加强储备设施建设。运用市场化、法治化办法，引导煤价在合理区间运行；推动煤电机组节能减排改造、灵活性改造、供热改造，提高能源利用效率。2020年10月29日，中国共产党十九届五中全会通过了《中共中央关于制定国民经济和社会发展第十四个五年规划和二〇三五年远景目标的建议》，提出"坚持绿水青山就是金山银山理念，坚持尊重自然、顺应自然、保护自然，坚持节约优先、保护优先、自然恢复为主，守住自然生态安全边界"。深入实施可持续发展战略，完善生态文明领域统筹协调机制，构建生态文明体系，促进经济社会发展全面绿色转型，建设人与自然和谐共生的现代化社会。

虽然各个工业化国家已提出的绿色规划和政策不尽相同，但有一点是共同的，即"绿色计划"是实现可持续发展的一项重要战略，是推动可持续发展顺利实现的有力保障。西方学者萨得列等人认为，"绿色计划"简单地说是与社会可持续发展有关的广泛计划与战略方面构想的具体化，其中也包含着不同国家在这些方面交流信息、相互借鉴决策经验的国际性网络。

上述情况显示，未来的世界是绿色的，未来的社会也是绿色的。杜邦公司总裁曾说："应该警告那些对待环境问题不积极的公司，社会不能容忍，杜邦和其他真正敏感的、有环境责任感的公司，会在你落荒而逃之后，接过你原来的客户。"可见，企业实施绿色管理势在必行。那么，什么是绿色制造？企业实施的绿色制造要"绿"到什么程度？绿色制造能给企业带来多大的效益？要消除企业绿色化道路上的种种疑虑，实现科学、高效的企业绿色化管理，迫切需要建立一套科学合理的企业绿色管理绩效评价系统，为企业的绿色化保驾护航。

1.1.2 推行绿色制造的意义

1.1.2.1 绿色制造的现实意义

绿色制造是世界发展的主流趋势。生态文明建设是以生态文明观为指导，对社会建设的方方面面进行改造，不断改善和优化人与自然、人与人、人与社会的关系，追求和创造生态文明成果的实践行动。绿色制造模式的应用顺应了我国生态文明建设发展的需求。因此，绿色制造对生态文明建设具有重要作用与意义[1]。

（1）绿色制造有利于减少生态环境污染

绿色制造提倡绿色生产，可有效减少制造业对环境的污染程度，所生产制造出来的产品符合绿色环保的相关要求，产品在使用以及废弃过程中所产生的污染物最少或不产生污染物。如在一次性餐盒的制造中推广绿色智能制造理念，运用可降解材料进行自动化的产品生产，在投入使用后剩余垃圾通过一定时间的存放，可自行氧化降解，而不会形成白色垃圾，也会相应减轻土壤和河流的负担，同时也能有效降低生产制造的成本，在市场推广中也可占据更为有利的地位。由此可见，在企业生产制造中，需自觉树立环保意识，在产品的设计、开发、生产、销售、回收等各个方面均开展绿色计划，从而促进企业的生产发展，有效减少环境污染，为生态文明建设尽一份力。

（2）有利于制造业生产管理者环保意识的提高

制造业，对生态文明建设的影响巨大，可以说生态文明建设水平的高低与制造业的环保意识高低有直接的关系。因此，在绿色制造生产中树立正确的观念意识至关重要。要在绿色制造生产管理中树立正确的环保意识，在推进社会经济持续发展的前提下，在产品的设计、技术的应用、工艺的规划、材料的选择、产品的包装以及产品的回收处理上，以环保的眼光，建立科学的绿色管理体系，以国际环保标准作为企业生产的标准。制造业环保意识的提升，不但能有效促进企业自身的健康发展，同时在全球绿色经济发展中，也能推动企业核心竞争力的提升。

（3）有利于资源的优化配置

随着我国经济的不断发展，资源的开发利用比例也在逐年增高。资源是社会生产的基础。从全球的整体资源储备上看，不可再生资源的利用比例较大，若不进行合理的利用和保护，势必会造成资源的枯竭。目前，由于生产中对资源的不合理开采、利用，甚至浪费，已经出现了部分资源短缺的现象，这对中国的可持续发展是极为不利的。绿色制造模式的提倡，有效地缓解了这一问题。绿色制造提倡节约资源，有效利用资源，提高资源的实际利用率，最大化地发挥资源的使用价值，杜绝浪费，有效地促进了资源的优化配置。这也是绿色制造的基本要求。

1.1.2.2 绿色制造的理论意义

绿色制造作为当今全球性产业结构调整的战略，符合确保人类生活质量的提高和促进经济可持续健康发展的要求，理当植根于研究自然界一般规律的自然哲学原理之中。下面从绿色制造与生态系统的闭环系统原理、绿色制造与自然界层次结合度的递减原理两方面来阐述绿色制造的理论意义。

(1) 绿色制造与生态系统的闭环系统原理

生态系统是指生物群落和与其相互作用的无机界（或无机环境）构成的一个不可分割的综合体，任一生态系统可视为由生产者、消费者、还原者和一些非生命物质组成。一个良好的生态系统应该是一个闭环系统。老子说："周行而不殆，可以为天地母。"其意思是说，不停地循环运行，可算作天下万物之本。人工自然和天然自然的综合系统中物质能量的良性循环，显然是人类最好的生存与发展基石。如前所述，绿色制造要求在生产全过程中考虑整个生产、生活系统物质能量的充分利用，从而形成良性循环。恩格斯在《自然辩证法》中指出：整个自然界被证明是在永恒的流动和循环中运动着的。循环是自然界的普遍原理。生态系统就是一个闭环系统，其中自养者、草食者、肉食者、腐食者正好构成一个"生产消费复原"的闭环系统，实现生态系统物质能量的高效循环利用。而随着工业文明的不断发展，人类近代工业社会的生产模式却形成了"原料—产品—废料"的断裂链条。人类生产投放的物能只有一部分（只有 20%～30%）转化为产品，而其他部分（70%～80%）则作为"三废"投向自然环境，造成大量的环境污染。因此，人类应该师法自然生态系统，按照循环原理，补上"废料—原料"这段被打断的链条，形成"原料—产品—废料—原料"的闭合循环，从而节能降耗，减少污染，将生产和生活系统整合到生态系统的大循环之中。而绿色制造技术中的绿色设计、绿色材料、绿色工艺、绿色包装和绿色处理等环节无不蕴含着这一哲学思想。

(2) 绿色制造与自然界层次结合度的递减原理

绿色制造技术强调在产品设计与制造时，要瞻前顾后，充分考虑产品整体或部分以及材料的再生利用，将产品的价值发挥到极致，即在产品的设计与制造时应理下将来再利用的"伏笔"。如果产品的零部件性能在产品的周期寿命中性能没有改变，而且没有磨损，就可以直接回收再利用到同类同型号产品上，有的也可以直接在跨类产品上再使用；如果零部件的性能没有改变，但有磨损，则在各项技术与经济指标合乎要求的情况下，进行小型化加工，制造成小型号零部件再加以利用。这种产品的可回用性前提是可拆卸性，这正是绿色设计与绿色制造所遵循的基本原则。产品整体的再利用往往需要维修，产品不可拆卸，维修就有困难。产品零部件的再利用过程则直接要求将零部件从产品上拆卸下来。即使到了绿色处理过程，材料的回收利用也要求产品具有可拆卸性，否则就会使不同种类的材料破碎混合在一起，给再加工利用带来困难，甚至失去再加工利用的价值。

1.2 绿色制造的内涵与特征

1.2.1 绿色制造的内涵

比较系统地提出绿色制造的概念、内涵和主要内容的文献是美国制造工程师学会于 1996 年发表的关于绿色制造的专门蓝皮书 *Green Manufacturing*。1998 年又在国际互联网上发表了绿色制造发展趋势的主题报告——*Trends of Green Manufacturing*，对绿色制造研究的重要性和有关问题又做了进一步的强调和介绍。绿色制造（green manufacturing），又称环境意识制造（environmentally conscious manufacturing）、面向环境的制造（manufacturing faced environment）等，近年来在这方面的研究非常活跃。由于绿色制造的提出和研究历史较短，其概念和内涵尚处于探索发展阶段，因而至今还没有统一的定义。综合现有文献，特别是借鉴 1996 年蓝皮书 *Green Manufacturing* 的观点和前人所作的研究，将绿色制造定义如下：绿色制造是一个综合考虑环境影响和资源效率的现代制造模式，其目标是使得产品在设计、制造、包装、运输、使用、报废处理的整个产品生命周期中，对环境的影响（负作用）最小，资源利用效率最高，并使企业经济效益和社会效益协调优化[2]。该定义体现出的一个基本观点，即制造系统中导致环境污染的根本原因是资源消耗和废物的产生，因而该绿色制造的定义体现了资源和环境两者不可分割的关系。

这里的"制造"涉及产品整个生命周期，是一个"大制造"的概念，同时涉及多个学科的交叉和集成。绿色制造具有非常丰富和深刻的内涵，其实质是人类社会可持续发展战略在现代企业中的体现。企业涉及将物质资源转变为产品的制造过程、产品的使用过程和废物的处理过程。传统企业在这些过程中既要消耗大量的材料和能源，又要造成生态恶化与环境污染，而这正是当前生态与环境问题的主要根源。为实现人类社会的可持续发展，加强绿色管理，发展绿色经济，既要尽量减少资源消耗，又要尽量保护环境，实施绿色制造是大势所趋。

1.2.2 绿色制造的特征

绿色制造是新时代背景下的现代化制造模式，它考虑生产效率，同时考虑环境影响和资源效益，在产品的设计、生产、包装、运输、消费以及报废处理的全生命周期中，努力做到资源利用效率高，资源消耗少，对环境污染小。所以企业

煤化工行业
绿色工厂创建与评价

绿色制造具有下述四种基本特征[3]。

（1）资源主导性

制造业中环境问题的主要根源是资源使用过程及使用后的废物，可持续问题则涉及资源的利用率，所以资源利用问题是绿色制造要解决的首要问题。当然，这里的资源是广义的制造资源，包括物料、能源、设备、资金、技术、信息、人力等。资源主导性是指绿色制造过程中，资源是关键因素，绿色制造活动要围绕资源的使用展开，其根本途径是优化资源的流动过程，提高资源利用率，减少资源使用过程中对环境的负面影响，即以资源为主导要素来提高绿色制造的环境友好属性和可持续性。

（2）物流闭环性

资源主导性决定绿色制造的物流应该是闭环系统，即产品的报废不是物流的终端，而是回收、治理、深加工和再利用的起点，是绿色制造物流系统的一个节点，是绿色制造控制系统的一个反馈点，如图1.1所示。绿色制造物流的闭环性大大提高了资源的利用率，并减少了对环境的负面影响。

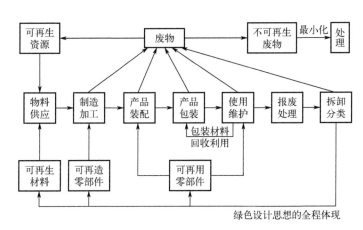

图 1.1　绿色制造的闭环物流模式

（3）时间外延性

这是绿色制造时间这一维度的特性。其一，是指制造活动的持续性，即企业的制造活动和能力持续的时间更长；其二，是指产品的多生命周期，即不仅包括本代产品的生命周期，还包括本代产品报废后，部分资源在后代产品中的循环使用时间。只有这样，资源才可以得到更充分的利用。

（4）空间拓展性

这是绿色制造空间这一维度的特性。其一，主要是指绿色制造的系统空间已远远突破企业界限，通过网上制造、虚拟供应链、战略联盟等新模式向更大空间拓展，使绿色制造的资源利用范围扩大；其二，是指由于环境污染往往没有明显的界限，且不同主体之间相互影响，使得绿色制造的影响范围扩大，企业绿色制造必须在更大的范围内来制订制造战略，规划制造活动；其三，企业绿色制造的物流闭环性和时间外延性导致产品的物流链和循环流动时间更长，促使企业产品和消费者新型集成关系的形成，导致产品权属关系的重新界定，从这种角度来看，消费者拥有的可能仅仅是产品的使用权。

1.3 绿色制造的内容体系

企业绿色制造的目标是追求废物最少和环境污染最小，而决定这两个目标的根本因素是资源流。影响制造系统资源流的因素是多种多样的，决定了实施绿色制造涉及的问题和途径是多方面的，归纳起来，绿色制造技术从内容上应包括"五绿"，即绿色设计、绿色材料、绿色工艺、绿色包装和绿色处理五个方面（图 1.2）[4]。

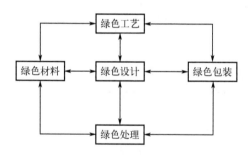

图 1.2 绿色制造中的"五绿"

1.3.1 绿色设计

在绿色制造实施问题中，绿色设计是关键。很多数字可以显示绿色设计的关键作用，如 Boothroyd 在 Ford 汽车公司发表的报告中指出，尽管设计费用仅占产品全部成本的 5% 左右，但却决定了产品生命周期 80%～90% 的资源消耗；Zust R. 在 1∶10∶100 理论中指出，如果设计阶段进行产品改变的投入为 1 美元，在产品原型阶段进行改变的费用将需要 10 美元，而在正式生产制造过程的改变费用将高达 100 美元；Sun 认为制造生产率的 70%～80% 是在设计和工艺阶段决定的。

煤化工行业
绿色工厂创建与评价

绿色设计（green design）也被称为面向环境的设计（design for environment，DFE），是指在设计时，在产品及其全寿命过程中，充分考虑其对资源和环境的影响，在充分考虑产品性能、质量、开发周期和成本的同时，优化各有关设计因素，使得产品及其制造过程对环境的总体负影响减到最小。绿色设计是以节约能源和保护环境为宗旨的设计理念，不仅有效地利用有限的资源和使用可回收的材料来制造产品，以减少一次性产品的使用量，而且从材料的选择、结构功能、制造过程、包装方式、储运方式、产品使用和废品处理等诸多方面，全方位考虑资源利用和环境影响及解决方法。绿色设计是一项综合技术，包括很多具体的领域，如面向可拆卸的设计（design for disassembly，DFD），指便于产品或零部件的重复利用或材料的回收利用，采用模块化设计、减少材料种类、减少拆卸工作量和拆卸时间等的设计方法；面向循环的设计（design for recycling，DFR），指在设计时考虑产品的可回收性和可再利用性、材料的回收率和利用价值以及回收工艺和技术的设计方法；面向再制造的设计（design for remanufacture，DFR），指在设计时考虑零部件再制造的可行性，通过结构设计、材料选择、材料编码等设计技术以及再制造工程技术手段，实现产品或零部件的再制造的设计方法；面向节约能源的设计（design for energy saving，DFES），指在设计时以节约能源为目标，减少产品的使用能耗和待机能耗的设计技术；等等。从另外一个角度来看，绿色设计又决定了是否选用绿色材料，是否应用绿色工艺，是否采用绿色包装等纵向链条。

绿色设计着眼于人与自然的生态平衡关系，设计过程中的每一个决策都充分考虑环境效益，绿色设计延长了产品生命周期，使产品生命周期延伸到下一个循环；绿色设计是一个并行的设计过程，它将产品开发研究设计和生产准备的各种工程活动尽可能地交叉进行，以缩短产品开发的周期；绿色设计是始于源头的设计，它使构成产品的零部件能够方便地分类回收，并再生循环或重新利用，使产品在整个生命周期中能耗最小，绿色设计可以减轻，甚至消除产品生命周期末端的压力，减少废物、垃圾污染以及人力、物力的投入。可见，绿色设计不仅是一种技术层面的革新，更重要的是一种观念上的变革，设计过程中的绿色理念直接影响产品的绿色化程度和整个绿色制造系统。

1.3.2　绿色材料

绿色材料（green materials），又被称为生态材料（eco-materials）、环境友好材料（environment friendly materials）或环境意识材料（environmentally conscious materials），是指在满足功能要求的前提下，具有良好的环境兼容性的

材料。绿色材料在制备、使用以及用后处置等生命周期的各阶段，应具有最大的资源利用率和最小的环境影响。

这里提到的绿色材料既包括产品绿色设计过程中对材料的选择，又包括绿色采购阶段对绿色设计中绿色材料的实现，还包括在绿色制造过程中通过正确的技术和工艺实现材料的绿色性，因此，绿色材料是一个复合概念。

绿色材料的选择是一个系统性和综合性很强的复杂问题，一是绿色材料尚无明确界限，实际选用中很难处理；二是材料的选用，不能仅考虑产品的功能、质量、成本等方面的要求，还要考虑其绿色性，这些更增添了面向环境的产品在材料选择时的复杂性。美国卡耐基梅隆大学 Rosy 提出了基于成本分析的绿色产品材料选择方法，它将环境因素融入材料的选择过程中，要求在满足工程（包括功能、几何、材料特性等方面的要求）和环境等需求的基础上，使零件的成本最低。

原材料处于产品生命周期的源头，选择绿色材料是实现绿色制造的前提和关键因素之一。明显的环境友好材料是很难找到的，或是根本不存在的，也就是说，不存在对环境没有影响的材料，只是影响和危害的大小和程度不同而已。因此，选择材料应遵循以下几个原则：①资源消耗最少化原则。优先选用可再生材料，尽量选用可回收材料，减少和避免使用稀有材料，提高资源利用率，实现可持续发展。②能耗最小化原则。尽量选用低能耗的材料，实现材料的能量强度最低，产品使用中的能耗最小，材料的回收和再循环时需要的能量最少。③污染最小化原则。尽量选择环境兼容性好的材料及零部件，所用材料应易于再回收、再利用、再制造或易于被降解。④健康潜在危险最小化原则。尽量选择全生命周期过程对人体健康的损害最小，或相对健康的潜在危险最小的材料，避免选用有毒、有害和有辐射特性的材料，如果无法避免，那么必须遵守相应的法律和法规，同时进行说明和标注，特别是对回收和处置的说明。

1.3.3 绿色工艺

采用绿色工艺是实现绿色制造的重要一环，绿色工艺与清洁生产密不可分。在里约联合国环境与发展大会上，清洁生产被正式认定为可持续发展的先决条件，《中国 21 世纪议程》也将其列入其中，并制定了相应的法律。清洁生产要求对产品及其工艺不断实施综合的预防性措施，其实现途径包括清洁材料、清洁工艺和清洁产品。这里所提出的绿色工艺是指清洁工艺，指既能提高经济效益，又能减少环境影响的工艺技术。它要求在提高生产效率的同时必须兼顾削减或消除危险废物及其他有毒化学品的用量，改善劳动条件，减少对操作者的健康威胁，并能生产出安全的与环境兼容的产品。

在绿色制造的"五绿"中，绿色工艺属于绿色生产技术领域，是生产过程中的一种面向绿色制造优化的方法，也与其他关键技术有密切的联系，如可能根据面向绿色制造的工艺要求提出产品零件结构的改进，使得其生产过程具有更好的环境友好性。绿色工艺包括工艺路线、工艺方法、工艺装备、辅助物料、工业参数等具体内容。与传统工艺最大的区别是，绿色工艺需要对每项工艺内容进行环境友好性评价，根据评价结果，运用面向绿色制造的工艺原则和方法进行绿色性改进，并将结果反馈，重新规划和协调，最后输出符合绿色制造要求的工艺规程和其他工艺文档。

绿色工艺的实现途径包括：①改变原材料投入，有用副产品的利用，回收产品的再利用以及对原材料的再利用，特别是在工艺过程中的循环利用；②改变生产工艺或制造技术，改善工艺控制，改造原有设备，将原材料消耗量、废物产生量、能源消耗量、健康与安全风险以及对生态的危害降低到最低程度；③加强对自然资源的利用以及空气、土壤、水体和废物排放的环境评价，根据环境负荷的相对尺度，确定其对生物多样性、人体健康、自然资源的影响。

1.3.4　绿色包装

产品包装是现代产品生命周期中的一个重要环节，而且随着工业的发展和人民生活水平的提高，这个环节对企业的竞争与发展愈来愈重要。但是产品包装一方面消耗大量资源，另一方面在包装过程和拆装后往往产生大量废物，造成严重的环境污染，因此绿色包装已经成为一个研究的热点。传统的包装理论和方法是以人为中心，以保护商品为目的，以满足人的需求和解决包装问题为出发点，而无视包装产品的生产和使用过程中的资源和能源消耗以及对环境的影响，特别是忽略了包装废物对环境的影响。绿色包装就是针对传统包装理论的不足，提出的一种全新的包装理念。绿色包装就是在包装产品的生命周期内，着重考虑产品的环境属性（可回收性、可自然降解性、可重复利用性等），并将其作为设计目标，在满足环境目标要求的同时，保证包装的应有功能（包括质量、成本、保质期等）。绿色包装的重要内涵是"3R＋1D"，即减量化（reduce）、重复利用（reuse）、再循环（recycle）和可降解（degradable）。

包装材料的使用和废弃后的处置给环境带来了极大的负担，尤其是一些塑料和复合化工产品，很多是难以回收和再利用的，只能焚烧或掩埋处理，有的降解周期长达上百年，给环境带来了极大的危害。因此，要实现绿色包装，在包装材料的选择上要尽量选用无毒无害、可再生、可降解、可循环的材料，避免包装材料使用超标，减少包装材料的种类；应尽量选用可循环使用的包装、可拆卸包装和多功能包装，避免过度包装；另外，通过改进产品结构，减轻重量，也可达到改善包装、降低成本并减小对环境的不利影响的目的。如 DEC 公司的研究表明，增加其产品的内部结构强度，可以减少 54％的包装材料需求，并可降低 62％的包装费用。

1.3.5　绿色处理

产品的绿色处理（即回收）在其生命周期中占有重要的位置，正是通过各种回收策略，产品的生命周期形成了一个闭合的回路。寿命终了的产品最终通过回收又进入下一个生命周期的循环之中，它们包括重新使用、继续使用、重新利用和继续利用。

在考虑重复回收的效益和费用时，德国提出了"取回"政策，这是对设计的一个全新的认识。产品不是向消费者出售，而是从生产商"租出"，这样不仅降低环境负荷，而且节约了费用。在其他工业发达国家，如美国和日本等，都制定了非常严格的与回收有关的法律法规，对回收产品实行"谁生产，谁负责"制度，既极大地促进了许多大型生产企业加入回收行列，又使回收的效率和效果得到了极大的改善，促进了回收市场健康有序地发展。因此，为了让产品实现易回收，有更大的商业利用价值，企业在绿色产品的开发中应尽量进行可拆卸设计。产品可拆卸是指产品在使用后其某些部件可以被拆卸利用的设计，它是通过产品设计过程将产出（废物和废弃产品等）与投入（原材料）联系起来，从而创造一种环境友善的产品设计思想和实践。为了便于产品的绿色处理，一般在设计中主要考虑产品的材料和结构设计，如采用面向拆卸的设计方法，主要集中于非破坏性拆卸。拆卸是实现有效回收策略的重要手段，只有拆卸才能实现完全的材料回收和可能的零部件再利用；只有在产品设计的初始阶段就考虑报废后的拆卸问题，才能实现产品最终的高效回收。除此之外，产品能够顺利地回收利用，其经济性也是需要考虑的一个重要因素，一般遵循以下原则：①若零件的回收价值加上该零件不回收而需要的处理费用大于拆卸费用，则回收该零件；②若零件的回收价值小于拆卸费用，而两者之差又大于处理该零件的费用，则不回收该零件，除非为了获得剩余部分中其他更有价值的零件材料而必须拆卸。

1.3.6　企业绿色制造内容的属性

通过对企业绿色制造及其内容体系的介绍和分析可以发现，设计的绿色性体现在产品设计在实现其功能的基础上更多地考虑产品生产和使用过程中对环境的危害、所使用材料的节约、材料种类的精简、能源消耗的降低、能源种类的减少、生产成本的节约以及使用成本和社会成本的节约；材料的绿色性体现在可再生材料的使用、材料加工及产品使用过程中的能源消耗降低和对环境污染的减少、材料成本的节约、材料的循环利用以及用后易于回收处理等；工艺的绿色性体现在生产过程中能源的节约、环境影响的减少、有毒有害材料的减少甚至避免、副产品的减少、生产成本的降低等；包装的绿色性体现在包装资源的节约、包装物的可重复利用、包装物的可降解、包装成本的降低等；处理的绿色性体现在处理全过程对环境的友善、处理成本的节约、非破坏性拆卸等方面。综合企业绿色制造各部分内容可以看出，企业绿色制造内容具有不同于一般制造内容的特有属性，体现在绿色制造内容的环境属性、资源属性、能源属性和经济属性四个方面。

环境属性：是绿色制造内容不同于一般制造内容的主要特征之一。环境属性是指企业在生产制造过程中不破坏生态环境，对当地环境乃至全球环境不产生污染或使污染最小化。

资源属性：这里所说的资源是广义的资源，包括材料资源、设备资源、信息资源和人力资源等，是企业开展绿色制造内容的最基本条件。其目的是通过绿色制造内容的应用，改变无限制的开发利用及粗放型经营方式等手段，使企业的各种资源利用率最高。

能源属性：节约和充分利用能源是绿色制造内容的又一大特性。能源使用量的减少，从另一个侧面也就节约了资源，减少了环境污染。除此之外，可再生能源和绿色新能源的利用也是绿色制造内容在能源利用方面的一个显著标志。

经济属性：通过分析企业绿色制造内容体系可以发现，绿色制造与传统制造相比制造的链条更长，从设计、生产、包装到使用后的回收处理，其经济属性也体现了同样的特点，通过生产成本、用户成本和社会成本来体现。

绿色制造内容的四个属性也是体现企业绿色制造的显著标志，因此，企业绿色制造绩效评价也从体现这四个属性的角度来设置指标体系和选择评价方法进行绩效评价。

1.4 绿色制造的科学价值和应用前景

（1）绿色制造研究属国际制造科学技术前沿，将推动制造科学的发展

绿色制造近年来研究非常活跃。多个国家重点实验室和国家标准技术研究院

开展了此项研究，如美国麻省理工学院、加州大学伯克利分校等。这些充分体现了绿色制造的学科前沿性。绿色制造将涉及现代制造观的变革、可持续制造理论、21世纪制造系统的体系结构以及大制造、大过程和学科交叉等系统制造科学问题，它的研究无疑将会推动制造科学的发展。

（2）绿色制造是人类社会可持续发展的必然需求，具有重大社会效益

绿色制造是人类可持续发展战略在制造业的体现，它考虑环境和资源既要满足经济发展的需要，又使其作为人类生存的要素之一而直接满足人类长远生存的需要，从而形成了一种综合性的发展战略。显然绿色制造的研究具有重大的社会效益。

（3）绿色制造也将是21世纪企业取得显著经济效益的机遇

实施绿色制造，最大限度地提高资源利用率，减少资源消耗，可直接降低消耗，从而直接降低成本；同时，实施绿色制造减少或消除环境污染，可减少或避免因环境问题引起的罚款；并且，绿色制造将全面改善或美化企业员工的工作环境，有助于提高员工的主观能动性和工作效率；特别是未来的市场是绿色产品的市场。因此绿色制造对企业是一种机遇。

（4）国际环境管理标准的提出，更增添了企业对实施绿色制造的需求

ISO 14001和ISO 14040分别于1996年和1997年先后提出，在国际上引起了很大震动。实施绿色制造已是大势所趋。

（5）绿色制造将为我国企业消除国际绿色贸易壁垒提供有力支撑

近年来，许多国家要求进口产品要进行绿色性认定，要有"绿色标志"，特别是有些发达国家以保护本国环境为由，制定了极为苛刻的产品环境指标，来限制国际产品，特别是发展中国家产品进入本国市场，即设置"绿色贸易壁垒"。绿色制造将为我国企业提高产品绿色性提供支撑手段。

（6）绿色制造将推动一类新兴产业的形成

企业实施绿色制造，需要大量实施工具和软件产品，这是一个很大的市场，将会推动一类新兴产业的形成。

1.5 绿色制造顶层设计及政策框架

绿色制造是一个综合考虑环境影响和资源效率的现代制造模式，其目标是使得产品从设计、制造、包装、运输、使用到报废处理的整个产品生命周期中，对环境的负面影响最小，资源效率最高，并使企业经济效益和社会效益协调优化。绿色设计是指以资源节约和环境保护为指导思想的新型工业设计方法。党的十八

大以来，我国制造业绿色化转型步伐加快，绿色制造体系建设深入推进，绿色产业正在成为工业经济高质量发展的推动力[5]。

1.5.1　绿色制造顶层设计的内涵

绿色设计与制造是近几年提出的新概念，其深刻的内涵尚处于探索研究阶段，绿色制造是一个综合考虑环境影响和资源效率的现代制造模式，其目标是使得产品从设计、制造、包装、运输、使用到报废处理的整个产品生命周期中，对环境的负面影响最小，资源效率最高，并使企业经济效益和社会效益协调优化。从产品的寿命循环周期角度出发，在产品设计中运用并行工程的原理在保证产品功能、质量和成本等基本性能的情况下，充分考虑产品寿命循环周期各个环节中的资源、能源的合理利用，环境保护和劳动保护等问题。总之，绿色设计是一个综合了面向对象技术、并行工程、寿命周期设计的一种发展中的系统，是融合产品的质量、功能、寿命和环境于一体的设计系统。绿色设计是"可持续生产"设计，是实现清洁化生产和生产出绿色产品的设计手段。近年来，围绕生态环境问题，人们提出了"既满足当代人的需求，又不对子孙后代满足其需要之能力构成危害的发展"的"可持续发展战略"。可持续发展战略的思想具有极为丰富的内涵，它将生态环境与经济发展联结为一个互为因果的有机整体，认为经济发展要考虑到自然生态环境的长期承载能力，使环境和资源既能满足经济发展的需要，又使其作为人类生存的要素之一而直接满足人类长远生存的需要，从而形成了一种综合性的发展战略。

1.5.2　我国绿色设计与绿色制造的发展现状

简单地说，实现绿色设计与制造的途径有三条。

一是改变观念，树立良好的环境保护意识，并体现在具体行动上，可通过加强立法、宣传教育来实现；环境意识不是与生俱来的，必须靠后天的培养与教育，这是一个长期和复杂的教育过程。只有公众的环境意识提高了，环境保护成为人们的共识，绿色制造才可能成为制造业主动的自觉行为。要实施绿色制造，政府应该制定完善的法律法规，并制定相关的经济政策，使实施绿色制造的企业，不仅能取得环境保护的社会效益，也能得到由此带来的经济效益。同时也要成立相关的环保部门做到有法必依、执法必严、违法必究。

二是针对具体产品的环境问题，采取技术措施，即采用绿色设计、绿色生产工艺、产品绿色程度的评价机制等，解决出现的问题。其中，绿色设计是实现绿色制造的关键，而绿色资源的使用更是绿色制造的重中之重。

三是加强管理，利用市场机制和法律手段，促进绿色技术、绿色产品的发展。

1.5.3 绿色制造设计的发展趋势

未来的绿色设计和绿色制造将趋向全球化、社会化、集成化、并行化、智能化、产业化。

人们提出了绿色设计发展体系，其中的关键是绿色产品设计评价体系的完善，对产品从设计、制造、包装、运输、报废整个生命周期中每一个环节的环境影响做出评价，并且要在整个生命周期中、集成环境下建立绿色产品的评价体系。同时，要研究开发先进制造技术，以及与之相匹配的先进制造模式，大力开发低污染、低能耗、无公害的生产工艺与最终产品。

WTO规则中的"绿色壁垒"虽成为一些大国为限制发展中国家贸易借口的因素，但其积极意义不言而喻，我们的制造业要在世界贸易中站住脚，"绿色"水平的高低至关重要。因此，能否在绿色设计与制造方面有所作为，不再是一个间接的或长远的效益问题，而是一个直接的效益问题。

政府在指导现代制造业基地建设过程中，必须有现代眼光，加强对企业的"绿色"教育，完善政府部门对企业绿色制造的监督机制，加强立法和行政规定以及相关的经济政策。同时，建立较为系统的绿色制造理论和方法体系，促进和指导绿色设计和制造技术的深入研究和学科发展。

1.5.4 绿色制造政策框架

（1）总体思路

按照党中央、国务院关于生态文明建设的决策部署，牢固树立创新、协调、绿色、开放、共享的新发展理念，落实供给侧结构性改革要求，以促进全产业链和产品全生命周期绿色发展为目的，以企业为建设主体，以公开透明的第三方评价机制和标准体系为基础，保障绿色制造体系建设的规范和统一，以绿色工厂、绿色产品、绿色园区、绿色供应链为绿色制造体系的主要内容。加强政府引导和公众监督，发挥地方的积极性和主动性，优化政策环境，发挥财政奖励政策的推动作用和试点示范的引领作用，发挥绿色制造服务平台的支撑作用，提升绿色制造专业化、市场化公共服务能力，把绿色制造体系打造成为制造业绿色转型升级的示范标杆，参与国际竞争的领军力量。

煤化工行业
绿色工厂创建与评价

（2）国家政策

2015 年国务院发布"中国制造 2025"，将绿色制造列为五大工程之一，为绿色制造指明了方向和目标。近年来，为推进绿色制造体系建设，工信部发布了一系列相关政策和措施，如 2016 年 9 月发布的《绿色制造工程实施指南（2016—2020 年）》和《工业和信息化部办公厅关于开展绿色制造体系建设的通知》，2017 年 3 月发布的《关于请推荐第一批绿色制造体系建设示范名单的通知》以及《工业和信息化部办公厅关于推荐 2017 年第二批绿色制造体系建设示范名单的通知》，2018 年 8 月发布的《工业和信息化部办公厅关于推荐第三批绿色制造名单的通知》，2019 年 3 月发布《工业和信息化部办公厅关于推荐第四批绿色制造名单的通知》，2020 年 3 月，工信部发布了《关于开展第五批绿色制造名单推荐及前两批名单复核工作的通知》，2021 年 11 月国家颁布了《"十四五"工业绿色发展规划》，提出全面提升绿色制造水平。如今第五批"绿色制造示范"推进工作也在如火如荼进行中（图 1.3）。

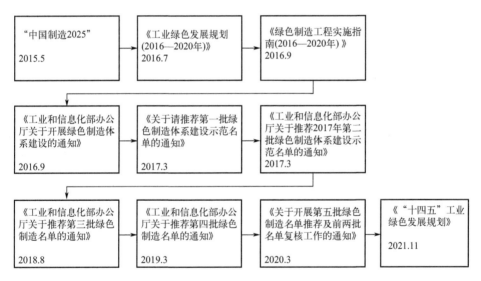

图 1.3　绿色制造政策发展历程

（3）内容解构

2016 年 9 月 20 日，工信部发布了《关于开展绿色制造体系建设的通知》（工信厅节函〔2016〕586 号），文件指出绿色制造体系的主要工作包括：绿色工厂、绿色设计产品、绿色园区和绿色供应链的建设。绿色制造体系在纵向上包含了绿色产品的设计、产品的生产加工以及产品的供应链建设；而在横向上，则将工厂、产业链及整个园区有机地衔接在一起。

① 绿色工厂。绿色工厂是制造业的生产单元，是绿色制造的实施主体，属于绿色制造体系的核心支撑单元，侧重于生产过程的绿色化。

② 绿色设计产品。绿色设计产品是以绿色制造实现供给侧结构性改革的最终体现，侧重于产品全生命周期的绿色化。

③ 绿色园区。绿色园区是突出绿色理念和要求的生产企业和基础设施集聚的平台，侧重于园区内工厂之间的统筹管理和协同连接。

④ 绿色供应链。绿色供应链是绿色制造理论与供应链管理技术结合的产物，侧重供应链节点上企业的协调与合作。

参考文献

[1] 张旭. 绿色智能制造在我国生态文明建设中的作用和意义 [J]. 河北企业，2016 (12)：105-106.

[2] 李冰. 企业绿色管理绩效评价研究 [D]. 哈尔滨：哈尔滨工程大学，2008.

[3] 李金华. 中国绿色制造、智能制造发展现状与未来路径 [J]. 经济与管理研究，2022，43 (6)：3-12.

[4] 刘飞，张华. 绿色制造的内涵及研究意义 [J]. 中国科学基金，1999 (6)：6-9.

[5] 杨燕，王银，王培. 中国工业绿色转型发展与地方政府行为：研究回顾与展望 [J]. 中共四川省委党校学报，2021 (5)：96-102.

煤化工行业
绿色工厂创建与评价

第2章 煤化工行业绿色制造与绿色工厂创建

2.1 概述

　　煤化工是指经化学方法将煤炭转换为气体、液体和固体产品或半成品，而后进一步加工成化工、能源产品的工业。原料都是煤炭，产品各不相同。并且根据产业发展成熟度和历程可将煤化工产品分为传统煤化工产业和新型煤化工产业。产品上，传统煤化工主要产品有尿素、复合肥、焦炭和 PVC，现代煤化工的产品主要有甲醇及下游醋酸、聚烯烃（乙烯和丙烯）、乙二醇、煤制油等。效益上，考虑投资成本、产品等情况，效益也各不相同。传统煤化工主要通过煤炭焦化和煤炭气化来生产甲醇、电石和合成氨等，新型煤化工主要通过煤炭液化和气化生产类石油产品和甲醇，进而生产合成天然气、烯烃和 IGCC 发电燃料等其他煤化工产品。我国"缺油、富煤、少气"的资源赋存特征使得我国具有很长的煤化工发展历史。我国煤化工产品种类多，生产规模大，合成氨、电石、焦炭和煤制甲醇的产量也最大，是世界上仅存的用电石法路线制取聚氯乙烯的国家。国内油价连续上涨，世界范围内对替代能源与替代化工原料的需求日益迫切，在这些背景下，国内新型煤化工产业稳步发展，其较快的产业化速度使其成为我国新型能源化工产业的重要组成部分[1]。

2.1.1 传统煤化工产业

　　19 世纪化学工业发展初期，农副产品曾是最早的化工原料。20 世纪初，随着钢铁工业的发展，煤炭炼焦工业兴起，推动了煤化工的发展。煤的焦化、气化和制造电石，为化学工业提供了苯、焦油、焦炉气、合成气和乙炔，使以煤为原料的化学工业得到了迅速发展。中国煤化工的发展始于 20 世纪 40 年代，在南京、大连建成了两个以煤为原料的化工基地，生产合成氨、化肥、焦炭、苯、萘、沥青、炸药等产品。20世纪50年代建成了吉林、兰州、太原三大煤化工基地，生产合成氨、甲醇、化肥、电石、石灰氮、染料、酒精、合成橡胶等产品。20世纪60年代到70年代，随着化肥工业的发展，在中国各地建成了一批以煤为原料的中、小型氮肥厂，在生产化肥的同时还生产各种化工产品。20世纪70年代以后，中国石油化工崛起，煤化工一度受到冷落。但由于中国能源资源结构的特殊性，20世纪80年代以后，我国又开始建设部分大型的煤化工基地，如山西天脊以煤为原料的年产30万吨合成氨的化肥厂；上海"三联供"煤化工基地，年产城市煤气5亿立方米，甲醇20万吨，醋酸15万吨；陕西渭河以煤为原料的30万吨合成氨厂等[2]。

我国传统煤化工产业基本属于粗放型发展模式，积累了一系列的矛盾和问题。主要表现为：传统煤化工产品产能严重过剩，竞争力不强的产品产能偏高，开工率不高；原料来源不合理（采用无烟煤和中变质烟煤为原料）；产品结构大同小异，初级产品比例高，深加工产品比例偏低；整体装备、技术水平偏低，资源和能源消耗大，对我国节能减排目标的实现带来很大的压力；平均规模较小，呈现小而散的态势，缺少能引领和促进行业发展的大型现代化煤化工企业。过去几年来国内煤化工产业的发展进入快车道，但过热的投资导致一些产煤基地完全不考虑该区的生态环境是否能够承受，盲目地规划、上马建设煤化工项目，片面地追求经济效益，对社会经济的可持续发展造成严重影响[3]。

2.1.2 新型煤化工产业

中国现代煤化工生产技术与装备基本成熟，目前已可根据煤种、终端产品和规模做出灵活选择，我国在煤化工生产技术方面已经取得全面突破，国内的新型煤化工产业已经具备成熟的技术和装备，可以说我国在煤化工产业上已经达到了世界领先水平。

在工艺发展方面，量力而行，是现代煤化工产业政策的主要导向。避免盲从，从环境、资源角度出发，全面考虑地域适宜性是发展好煤化工产业的根本要素。今后在国家环境管控以及碳税出台的严厉政策下，在开展煤化工的同时当地的资源环境得以保证才是我国煤化工发展的正确之路。"十二五"期间，国家逐渐规范化了煤化工产业的发展，政策多次强调了煤化工发展需要进行宏观调控，严禁跟风上马，其发展需要因地制宜、因煤制宜、因水制宜以及因环境制宜，稳步推进煤化工企业发展。到了"十三五"，我国明显对环境和资源的要求越来越严格，国家对煤化工布局的重点向"依煤傍水"、同时加强环境准入要求靠近。

中国煤炭合理化利用政策也越来越完善[4]。

我国"富煤、贫油、少气"的能源特点与目前石油天然气消费结构决定了中国的煤制油、煤制气产业的发展。目前煤制油产业主要为直接液化与间接液化工艺，截至 2020 年 12 月，我国有七个已投产的现代煤制油项目，五个在建和四个拟建的现代煤制油项目，典型的直接液化煤制油项目是神华集团（神华集团有限责任公司与中国国电集团公司于 2017 年 11 月 29 日联合重组，更名为国家能源投资集团有限责任公司，简称"国能集团"）的内蒙古鄂尔多斯 108 万吨煤制油项目。目前中国煤制气技术已经基本成熟，近年来，我国环境污染问题越发受到重视，增气减煤措施的施行虽能够有效缓解大气污染问题，但我国少气的能源结构造成了无气可用的尴尬局面。其他煤化工，例如煤制烯烃、煤制乙二醇等在技术方面都有了很大的突破，目前现代煤化工产业主要问题在于资源与环境，其在今后能否稳定、健康发展需要在布局时量煤炭而行、量水而行，同时要量环境承载力而行。

2.2 煤化工产业绿色发展需求

煤化工对经济发展起到了非常重要的作用。煤矿开采已有百年历史，煤炭开采对环境造成了严重的影响，煤化工产业的绿色发展已成为解决日益突出的"生态环境脆弱、经济发展与资源开发"这一矛盾的有效途径。现阶段刻不容缓地发展煤化工的绿色化，是一项具有长远意义的战略举措。在此背景下，提高工厂绿色发展水平具有重要的理论和现实意义，这也是社会经济发展的需要及环境保护的客观要求。

2.2.1 煤化工绿色发展必要性

我国已进入低碳经济时代，生态文明发展的重要阶段是遵循低污染、低能耗及低排放的发展模式，减少 CO_2 等气体的排放。经过多年的发展与创新，我国在煤化工技术方面已取得突破性进展，从而为强化能源安全新战略、大力推动深化能源技术改革、煤化工的互补与协同发展积累了经验。虽然我国煤化工的技术和产业规模已走在世界前列，但仍存在高耗能、高耗水、高污染排放、破坏环境和浪费资源等问题。因此，应整合煤炭资源，提高矿区的经济绿色增长效率，实现集约化生产；大力发展新型煤化工，保护矿区生态环境；建立有效的生态补偿机制，完善监督管理制度；利用政策优势，支持矿区绿色发展[5]。

（1）现代煤化工的发展必须符合我国油、气短缺，煤炭相对丰富的国情

"富煤、贫油、少气"是我国能源的基本特点。发展煤化工，提高煤炭利用效率，对减少我国能源的对外依赖、改善我国的能源结构具有重要战略意义，为我国能源产业的转型发展提供了新的路径和增长点。从"十一五"开始，在政府规范和推动下，拥有资源的煤炭企业以及国有大型能源企业、民营企业纷纷介入煤化工领域。煤化工产业呈现快速发展势头，目前的投资规模已达上万亿元，仅批准建设的大型煤化工示范项目就达 15 个。在高油价背景下，新型煤化工的优势明显。我国煤炭资源丰富，煤化工发展潜力很大。对于国内大型煤炭和石化企业，煤化工更是拓展产业链、实现结构调整的重要增长点。目前我国煤制烯烃、煤制乙二醇等新型煤化工技术已经取得突破，进入产业化阶段。但煤化工产业要想具有竞争力，必须解决好节能、提高资源利用率和环境污染的控制问题，如巨大的耗水量和巨量的二氧化碳排放就是煤化工发展必须解决的两大难题。我国已经是世界上最大的二氧化碳排放国，按国家发改委规划的发展规模，煤化工每年将产生 2 亿吨以上的二氧化碳。这将对我国实现碳减排目标构成巨大挑战。解决好碳排放和其他环节的污染问题，走出一条高技术、高附加值、绿色低碳的发展之路，是我国新型煤化工产业发展的必然选择[6]。

（2）推动煤炭的低碳化、清洁化高效利用势在必行

推动碳达峰、碳中和既是我国作为发展中大国的责任，也是国家推动经济高质量发展的重大战略举措。从我国现有的能源结构和经济发展的实际状况看，当前和今后相当一段时间内，煤炭仍然是我国的主体能源。煤炭在一次能源消费中的占比虽然逐年下降（2013 年，67.4%；2020 年，56.8%），但煤炭消耗量仍在增长，2020 年我国的煤炭消费量已连续第四年增长。现阶段，煤炭与煤电仍是我国能源安全的"压舱石"和"稳定器"。

长期以来，煤炭粗放的利用方式对推动我国生态文明建设构成较大挑战，引起国家对高污染、高消耗发展方式的反思。改变粗放的煤炭利用方式，努力实现煤炭的低碳化、清洁化高效利用，是未来发展的必然趋势。现代煤化工产业是促进煤炭清洁高效利用和煤炭产业转型升级的重要途径之一。通过现代煤化工产业发展，可以将煤炭转化成为高值化油品和化工产品，实现煤炭从转化到终端利用全过程的最大限度的清洁利用，成为提高煤炭利用效率、增加煤炭产业附加值、实现高碳能源低碳化利用的重要推动力。

现代煤化工经过十几年的快速发展为实现煤炭的清洁高效利用打下了坚实的基础，对于提升国家能源战略安全保障能力、促进化工原料多元化做出了积极贡献。2020 年，煤制油、气、烯烃、乙二醇等四大类主产品总产量约 2647 万吨，年转化煤炭约 9380 万吨标准煤，投产项目累计完成投资约 6060 亿元，年营业收

入合计约 1212 亿元。

（3）碳达峰、碳中和背景下煤化工行业面临发展和减碳双重挑战

实现碳达峰、碳中和目标是重大战略决策。碳达峰、碳中和背景下煤化工行业面临发展和减碳双重挑战：一方面作为碳排放较高行业绿色低碳发展刻不容缓；另一方面，特种燃料和化工新材料等需求增长推动产能增长，碳排放将随之增加。从长远看将倒逼煤化工绿色、低碳发展。

由于环保压力增大，特别是受大气污染控制相关政策的影响，在部分省区煤炭消费总量控制政策中，煤炭消费指标严格受限，不管是燃料煤还是原料煤，只要用煤，都面临减煤压煤、随时停产、错峰生产的困境，企业无法扩大规模，未来发展受限。2021 年 5 月 31 日，生态环境部公布的《关于加强高耗能、高排放建设项目生态环境源头防控的指导意见》指出，对炼油、乙烯、钢铁、焦化、煤化工等环境影响大或环境风险高的项目，不得以改革试点名义随意下放环评审批权限或降低审批要求。要求各级生态环境部门审批"两高"项目环评文件时应衔接落实有关碳达峰行动方案、清洁能源替代、煤炭消费总量控制等政策要求，明确碳排放控制要求。当前，受能耗"双控""两高"和碳达峰、碳中和目标等多种政策影响，陕煤集团榆林化学有限责任公司煤炭分质利用制化工新材料示范项目、内蒙古宝丰煤基新材料有限公司煤制烯烃示范项目等新建及后续规划项目均已暂缓实施。

不过，能耗"双控"和碳达峰、碳中和目标正在倒逼现代煤化工行业产业升级，围绕节能减排、绿色发展开展技术创新和技术改造。不少现代煤化工企业目前正致力于提质增效升级，通过安全生产、清洁生产、环保生产、高效生产，不断提升精细化管理水平。

2.2.2 煤化工绿色发展可行性

（1）现代煤化工行业高质量发展水平持续提升

我国现代煤化工产业经过十几年的快速发展，已经形成了相当的规模。"十三五"期间主要产品煤制油、煤制烯烃、煤制乙二醇、煤制气均已实现大规模工业化生产，逐步形成了宁东能源化工基地、鄂尔多斯能源化工基地、榆林国家能源化工基地等多个现代煤化工产业集聚区，部分化工基地已实现与石化、电力等产业多联产发展，产业园区化、基地化发展的优势已经初步显现。截至"十三五"末，我国煤制油产能达到 823 万吨/年，与 2015 年度相比增加了 505 万吨/年，增幅为 158.81%；煤制天然气产能达到 51.05 亿立方米/年，与 2015 年度相比增加了 20 亿立方米/年，增幅为 64.41%；煤（甲醇）制烯烃产能达到

1672 万吨/年，与 2015 年度相比增加了 844 万吨/年，增幅为 101.93%；煤（合成气）制乙二醇产能达到 597 万吨/年，与 2015 年度相比增加了 367 万吨/年，增幅为 159.57%。

（2）现代煤化工着力工艺优化和管理提升，运行水平显著提高

"十三五"期间，我国现代煤化工示范工程项目在前期打通工艺流程、试车和商业化运行的基础上，着力工艺和管理方面的提升，主要呈现出以下特点。

一是装置实现长周期稳定运行。"十三五"期间，现代煤化工示范项目生产运行水平不断提升。国家能源集团鄂尔多斯煤直接液化示范项目，"十三五"期间累计生产油品 388 万吨，平均生产负荷为 79%，单周期稳定运行突破了 420 天，超过设计的 310 天运行时间。国家能源集团宁夏煤业公司 400 万吨/年煤间接液化项目于 2016 年 12 月 21 日打通工艺全流程，目前已实现油品线保持 90% 以上负荷运行。新疆庆华煤制天然气项目碎煤加压气化炉单炉连续运行超过 287 天，甲烷化系统单套稳定运行超过 265 天。大唐内蒙古克旗煤制天然气示范项目一期工程已具备长周期满（超）负荷运行的能力，最高产量 460 万立方米/天（达到设计值的 115%）。内蒙古汇能煤制天然气项目产品质量、消耗指标均接近或优于国家控制指标，生产系统安全、稳定、满负荷运行最长达 652 天。国家能源集团包头煤制烯烃项目基本实现两年一大修，"十三五"期间达到满负荷运行，最长连续运行突破 528 天，累计生产聚烯烃约 315 万吨。

二是企业能效管控水平不断提升。"十三五"以来，随着现代煤化工系统配置优化和提升，新建项目的能源转化效率普遍提高，单位产品能耗、水耗不断下降。鄂尔多斯中天合创煤炭深加工示范项目整体能源清洁转化效率超过 44%。中煤陕西榆林能源化工有限公司通过智能工厂建设实现降本增效，与同类煤制烯烃项目比，用工人数减少 40%，单位生产成本降低 1000 元，各主要生产经营指标位于行业前列。国家能源集团新疆煤制烯烃项目 2019 年度单位乙烯、丙烯综合能耗为 2657 千克标煤（以 GB 30180—2013 测算），产品能耗创历史新低，能效水平继续领跑煤制烯烃行业。目前煤炭间接液化、煤制天然气示范项目的单位产品综合能耗和水耗已基本达到"十三五"示范项目的基准值。国家能源集团神华百万吨级煤直接液化项目吨油品耗水由设计值 10 吨降到 5.8 吨以下。内蒙古伊泰化工有限责任公司 120 万吨/年精细化学品示范项目吨油品水耗为 5.1 吨（冬季），远低于内蒙古伊泰 16 万吨/年煤间接液化示范项目的水耗 12.81 吨（2014 年考核值）。神华宁煤 400 万吨/年煤炭间接液化项目，通过采用节水型工艺技术和措施，完善污水处理系统及废水回收利用体系，吨产品新鲜水消耗降至 6.1 吨，远低于南非沙索公司煤炭间接液化工厂吨产品 12.8 吨的新鲜水耗量。

三是安全环保水平不断提升。现代煤化工工厂大多属于近几年新建的项目，技术路线选择、设备选型、安全设施配套、自动化控制系统、工程建设等方面起点均较高，具备安全生产的硬件基础。中盐安徽红四方股份有限公司30万吨/年煤（合成气）制乙二醇项目以提升安全环保管理为核心，引入MES生产制造系统，利用智能化的制造执行系统（MES）实现安全环保管理的系统化、动态化。国家能源集团中国神华煤制油化工公司持续推进HAZOP分析，实现了在役装置HAZOP分析工作常态化和自主化；在役生产装置安全仪表系统评估工作完成率100%。随着国家环境保护要求的日趋严格，示范项目依托单位不断加强废水资源化及末端治理等技术攻关，项目环保水平不断提高。神华鄂尔多斯煤制油公司研发了高选择性多元协同强化催化降解新技术及生物与化学耦合分级处理关键技术，解决了煤直接液化高浓污水中溶解性有机毒物的选择性降解难题，大幅提高了废水的可生化性，保障了后续生化的稳定高效运行，废水回用率可达98%，其余2%的高浓盐水进入蒸发结晶系统结晶成盐，基本实现了污水不外排。中煤鄂尔多斯能源化工有限公司集成高级氧化、降膜式蒸发、超滤、纳滤、蒸发结晶技术处理矿井水和煤化工浓盐水，废水回用率达98%，每年可回收利用废水470万吨，按照每吨水10元价格计算，通过废水回收利用每年可节约500万元左右，实现了废水减量化与资源化。内蒙古荣信化工有限公司建成高浓盐水提浓装置，使高浓盐水外排量由133m^3/h降至10m^3/h，回用率90%以上，废水基本实现了"近零排放"。

四是科技创新走在世界前列。在煤气化方面，多喷嘴对置式水煤浆气化技术、航天粉煤加压气化技术、水煤浆水冷壁废锅煤气化技术、SE-东方炉粉煤气化技术、"神宁炉"干粉煤气化技术等先进煤气化技术已经进入大型化、长周期运行阶段。在煤制油方面，国家能源集团依据煤直接液化反应的产物分布特点，着力开发超清洁汽油和柴油以及军用柴油、高密度航空煤油、火箭煤油等特种油品的生产技术，目前已完成了煤直接液化油品的战机试飞和火箭发动机试验。中科合成油技术有限公司开发的煤炭分级液化工艺解决了传统煤炭液化技术存在的操作条件苛刻、油品质量较差、过程能效偏低等问题，操作条件温和，油品化学结构丰富，节能减排效果显著。陕西未来能源化工有限公司自主开发的高温流化床费托合成关键技术已完成10万吨/年中试，该技术将大大丰富和改善煤制油产品方案，与低温费托合成等其他现代煤化工、石油化工单项技术结合，将逐步打破煤制油、煤制烯烃产业的界限，形成具有较强竞争力的煤基能源化工新产业。在煤制化学品方面，中国科学院大连化学物理研究所开发的"第三代甲醇制烯烃（DMTO-III）技术"在甲醇转化率、乙烯丙烯选择性、吨烯烃甲醇单耗等方面优势明显，继续引领行业技术进步。在低阶煤分级分质利用方面，陕西煤业化工集团分别完成了低阶粉煤气固热载体双循环快速热解技术（SM-SP）、煤气热载体分层低阶煤热解成套工业化技术（SM-GF）、输送床粉煤快速热解技术、大型工业化低阶粉煤回转热解成套技术等一系列热解技术的开发和示范。这些技术的进步为推动我国煤炭清洁高效转化提供了重要支撑。

2.3 绿色工厂的创建

2.3.1 创建目标和主要内容

工业和信息化部 2021 年 11 月 15 日印发了《"十四五"工业绿色发展规划》，规划指出，"十三五"期间绿色制造体系基本构建，研究制定 468 项节能与绿色发展行业标准，建设 2121 家绿色工厂、171 家绿色工业园区、189 家绿色供应链企业，推广近 2 万种绿色产品，绿色工厂体系建设已成为绿色转型的重要支撑。《"十四五"工业绿色发展规划》指出，在"十四五"期间国家将继续完善绿色产品、绿色工厂、绿色工业园区和绿色供应链评价标准体系，并鼓励制定高于现行标准的地方标准、团体标准和企业标准，同时加快推动绿色低碳发展，持续改善环境质量，提升生态系统质量和稳定性，全面提高资源利用效率。

到 2025 年，工业产业结构、生产方式绿色低碳转型取得显著成效，绿色低碳技术装备广泛应用，能源资源利用效率大幅提高，绿色工厂水平全面提升，为 2030 年工业领域碳达峰奠定坚实基础。随着绿色工厂体系日趋完善。重点行业和重点区域绿色工厂体系基本建成，完善工业绿色低碳标准体系，推广万种绿色产品，绿色环保产业产值达到 11 万亿元。布局建设一批标准、技术公共服务平台[7]。

对于煤化工企业而言，依照绿色工厂理念，大力开展绿色制造体系创建，按照《绿色制造工程专项行动方案（2016—2020 年）》和《关于印发〈绿色制造体系建设实施方案〉的通知》及《绿色工厂评价要求》的要求，创建绿色工厂，建设结合自然环境、合理规划、先进工艺、资源高效循环、能源低碳化的先进工厂，使其成为一个绿色生态、节能环保的行业标杆。

（1）完善基础设施建设

通过顶层设计，打造节能工厂；同时完善废水、废气排放设施，降低排放；通过老旧设备改造，实现设备在线控制及能耗数据自动监控；工厂实施 MES 系统，实现在线监控设备能耗数据统计，为能源数据分析提供依据。

（2）优化管理体系

在现有的质量体系、环境体系、职业卫生体系的基础上，完善能源管理、绿色工厂建设，制定《能源管理办法》《绿色工厂管理办法》等管理办法，进一步优化工厂管理体系。

（3）提高能源和资源利用率

与客户建立充分沟通，优化内部管理，合理生产，减少生产线换型，进一步降低设备能耗及排放，减少机头机尾料的产生，提高能源投入产出比。

（4）引入产品生态设计理念

生态设计是传统产品设计与环境因素的有机结合，生态设计是指"环境"因素决定的设计决策方向，随着全球环境的不断恶化，"环境"成为产品开发中需考虑的一个重要因素，煤化工企业可通过引入产品生态设计理念，从生物可降解的研发及应用实现第一阶段单项绿色产品制造；通过分子结构设计、材料、工艺制备、应用、回收实现第二阶段产品全生命周期绿色管理，建立特色绿色产品体系。

（5）减少环境排放

粉尘、废气为煤化工工厂主要排放物，通过购置先进的废气、粉尘处理系统，确保工厂排放达标，同时通过不断优化老旧设备、合理排产等举措降低环境排放。

（6）提升绩效指标

将煤化工工厂年度排放指标纳入年度经营责任状，实施年度对标考核。通过全员参与绿色工厂建设活动、知识培训、专项检查对标、重点项目实施、改善提案等形式，不断提升能耗绩效指标，做到持续改进。根据公司的生产水平、基础设施，将工厂建设成为用地集约化、生产洁净化、废物资源化、能源低碳化的绿色工厂。

2.3.2 创建流程

管理体系，基础设施，产品设计，能源、资源投入是绿色工厂创建的主要内容，产品指标、环境排放指标以及绩效指标（即"五化"）要求是绿色工厂创建应达到的结果。绿色工厂创建体系框架见图2.1。

企业绿色工厂创建流程如下（图2.2）。

第一步创建绿色工厂并进行自我评价工作。工厂依据绿色工厂的评价指标，逐项进行自我对照，确认是否满足相关要求。其中可重点关注"可再生能源的利用""能源管理体系认证""温室气体检查""节水评价"等多项指标。在完成创

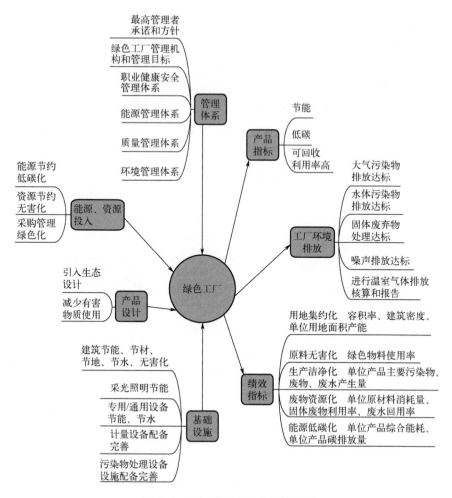

图 2.1　绿色工厂创建体系框架图

建工作后，根据工信部发布的"绿色工厂自评价报告模板"完成《绿色工厂自评价报告》。

第二步选择权威的第三方机构进行《绿色工厂自评价报告》现场审核和评价，并根据评价结果在工信部发布的"绿色工厂第三方评价报告模板"的基础上完成《绿色工厂第三方评价报告》。

第三步各级主管部门进行评审、筛选及上报工作。这部分工作无需企业参与。工信部根据《绿色工厂自评价报告》和《绿色工厂第三方评价报告》发布推荐名单。层层提交县级、市级、省级、国家级工信部，最后将组织专家进行评审，评选出国家绿色工厂。

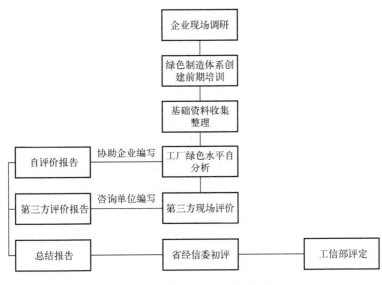

图 2.2　企业绿色工厂创建流程

2.3.3　我国绿色工厂创建现状

我国已经开展了五批国家绿色工厂的创建工作，工业的绿色化和绿色制造初具规模，但当前仍然存在一些不足之处。比如，一些煤化工行业依然存在粗放的生产方式，产品能耗、碳排放居高不下，资源的利用效率仍然远低于国际先进水平；一些重点产品以及关键工艺在绿色设计能力方面技术实力弱，仍然被国外品牌掌握话语权，缺乏自主品牌，依赖进口情况突出，甚至出现"卡脖子"的严重问题；整体工业层面的制造工艺与装备水平仍然与发达国家存在明显差距，能源资源循环利用不足，污染排放较为严重，包括碳排放。因此，虽然我国多年来在工业绿色低碳转型方面已经取得了一定成效，但成效并不稳固，下一步仍需结合"双碳"的新形势、新要求，在技术创新、政策体系上持续用力[8]。

（1）经济欠发达地区和传统行业绿色工厂创建潜力有待释放

随着绿色工厂创建工作的推进，发达地区和离散型制造业绿色工厂数量日益增多，逐渐与其他地区和行业拉开距离。从地区分布来看，江苏、山东、广东、浙江等东部沿海地区经济发达，技术密集型企业较多，企业效益好，绿色工厂创建的基础比较扎实，企业积极性较高，创建了大量的绿色工厂；而东北地区和中西部地区的煤化工行业，由于经济发展水平相对落后，资源消耗型企业占比较大，绿色工厂创建基础相对较弱，创建数量较少。从行业分布来看，机械、电子等离散型、技术密集型行业，能耗低、排放少，产品更容易包含更多的绿色设计属性，在创建绿色工厂时起点较高，具有天然优势，因此创建的绿色工厂数量较多；而钢铁、有色金属、建材、煤化工等传统行业，能耗较高、排放较多，产品绿色设计空间较小，需要对工艺技术、用能结构、产品结构、管理等方面进行综合优化，才能达到绿色工厂的创建要求，创建难度较大，因此创建数量较少。目前，绿色工厂地区与行业分布的巨大差距，一方面是事物客观发展的体现，另一方面也说明，在经济欠发达地区和传统行业内，仍然存在创建绿色工厂的巨大潜力。

（2）绿色技术创新能力有待提升，绿色工厂评价标准体系亟须完善

绿色技术和工艺是创建绿色工厂的关键。目前，绿色工厂技术研发多为单个环节的节能减排技术，系统化、平台化技术创新较少，关键核心绿色技术向产业、区域绿色转型的渗透、融合不足，科技创新在工业绿色发展中的引领作用尚未凸显。我国工业领域重末端治理、轻源头预防的发展理念尚未得到根本扭转，绿色设计、清洁生产等方面的科技开发投入较少，科技成果转化率不高，难以适应新时代推进绿色发展的目标要求。虽然绿色工厂评价标准体系已初步建立，但很多重点行业仍然欠缺绿色工厂评价标准，无法满足整个工业体系绿色工厂创建评价的需要。

（3）绿色工厂名单动态管理机制亟须建立

目前，五批国家绿色工厂共计 2121 家，绿色工厂的持续建设主要靠企业自觉推进，由于缺乏持续评价和淘汰机制，部分企业在获得"绿色工厂"称号后，存在绿色发展水平退步、部分指标不达标的现象。有进无出的绿色工厂名单、有加无减的"绿色工厂"称号，无法形成良性竞争，不利于绿色工厂持续健康发展，亟须建立绿色工厂动态排名与淘汰机制，实施动态名单管理，充分发挥优秀绿色工厂的示范引领作用。

（4）企业过于关注眼前利益，缺乏长远发展意识

企业经营的核心目标是盈利，但是盈利应当富有远见和长远发展的思想，一个企业只有先保证自身发展的长期稳定，盈利才能长久和稳定。然而对于部分煤化工企业来说，在实际的生产过程中，往往缺乏长远发展意识，一味注重眼前利益。尽管短期利益被获取，但是长此以往，这样的发展形式对于企业的整体发展是极其不利的。例如在现实生活中，煤化工企业在面临发展危机时，理性的人会选择冷静面对，并最终解决危机获得长存。然而大部分的企业却急于收回成本，一切行动都以挽回损失作为出发点。作为以营利为目的的企业领导人来说，从某一角度来看这样的做法或许无可厚非，但是作为一名优秀的企业管理人员，首要条件就是要富有远见，即便当企业面临危机，也应当保持理智，时刻站在宏观角

煤化工行业
绿色工厂创建与评价

度考虑大局。

（5）行业标准有待完善，企业转型能力不足

我国的煤化工企业整体情况参差不齐，尤其是不同企业的内部生产和管理等一系列环节的标准，都会存在不同程度的差异。尽管国家对于煤化工企业已经出台过相关文件，其中关于行业标准的要求也有涉及，但总体来看仍旧存在需要细化、完善和改进的地方。另外，由于企业在具体的生产制造过程中也会对相关标准产生松懈。长此以往，企业生产的商品在质量和功能等方面，都会受到生产时不达标的影响。产品的质量又会影响到营销和消费者的使用体验，这些一系列的连锁反应，最终就会对企业的整体发展带来消极影响。而企业想要长存，就必须适应世道发展和需要，通过自身能力完成企业转型。一旦企业的生存都受到威胁，又何来转型一说。因此，由于行业标准不够完善，继而导致企业转型能力不足的例子，早已在当下的行业中屡见不鲜。同时，这也是我国煤化工企业整体发展过程中存在的重要问题之一[9]。

2.4 绿色工厂基础设施建设

2.4.1 基础设施建设的合规性要求

基础设施是城市发展和人类福祉提升的物质基础，但其建设、使用、报废过程也伴随着大量的物质和能量消耗，对本地以及跨区域的生态环境产生了深远的影响[10]。

煤化工工厂基础设施包括网络电信线路、水电、照明设施、消防设施、通风设施、厂区道路交通、园林绿化等。它们是国民经济各项事业发展的基础。在现代社会中，经济越发达，对基础设施的要求越高。完善的基础设施对加速社会经济活动，促进其空间分布形态演变起着巨大的推动作用。建立完善的基础设施往往需较长的时间和巨额投资，特别是远离城市的重大项目和基地建设，更需优先发展基础设施。

基础设施项目应当符合以下合规性要求：

① 权属清晰，资产范围明确，并依照规定完成了相应的权属登记；

② 不存在法定或规定的限制转让或限制抵押、质押的情形，不存在抵押、质押等权利限制；

③ 基础设施资产已通过竣工验收，工程建设质量及安全标准符合相关要求，已按规定办理审批、核准、备案、登记等手续；

④ 基础设施资产的土地实际用途应当与其规划用途及其权证所载用途相符；

⑤ 基础设施资产涉及经营资质的，相关经营许可或者其他经营资质应当合法、有效；

⑥ 中国证监会和深交所规定的其他条件。

2.4.1.1 网络电信线路要求

接口离地高度。一般应离地 50～60cm 为宜，接口位置太低不便于日后技术人员进行维护；高于 80cm 也就是办公桌高度，增大了人为破坏的可能性。

避开供暖设施。离供暖设施太近会加速网线老化，给网络数据安全传输带来严重威胁。

网络接口与电源位置安排。应考虑在网络接口附近设置电源插座，如果电线很长，放在地面上会增加人为意外触电的可能性。

网线墙埋的位置和深度。禁止沿墙体下端地脚线方向横向水平开槽，这样会严重威胁建筑物的承载强度。

2.4.1.2 水电及照明设施要求

工厂的水电设施包括水龙头、高低水箱、阀门、管道、消防栓、灯泡、日光灯、插座、开关、路灯等，是工厂固定资产的一部分，由行政部和使用部门共同管理。使用部门负责日常管理，行政部负责维修和安全检查，并遵循"谁使用，谁保管；谁损坏，谁赔偿"的管理原则。

工厂行政管理部门应认真抓好全厂供水供电设备、设施的运行维护工作，严格执行有关水电管理的规章制度，建立巡视制度，确保安全供水、供电，杜绝各类事故发生。对于突发性故障，行政管理部门必须立即组织抢修，确保尽快恢复供水、供电。

行政管理人员应严守岗位，认真履行职责，明确为工厂、员工服务的思想，不断改善服务态度，提高服务质量。

行政管理人员有权到各部门、各宿舍检查用水、用电情况，任何部门和个人不得以任何理由干涉其正常检查工作，严禁以任何借口对行政管理人员进行打击报复，保障行政管理人员的合法权益。

水电设施维修管理，采用计划维修，巡回检修和各部门报修相结合的管理办法。

档案库房照明要求是：避免自然光源，采用人工光源，选用白炽灯，其照度不超过 100 克勒斯。

易燃易爆物品库应采用防爆灯具，防止灯具长期使用高温炸裂引起火灾。

纸张仓库内不准使用碘钨灯和超过 60 瓦的白炽灯照明。使用日光灯和其他防护型照明灯具时，应当对镇流器采取隔热、散热等保护措施。库房内不准使用移动式照明灯具。照明灯下不准堆放物品。

照明灯具照度、布灯数量、方式应根据库房的长、宽、高尺寸计算决定。

照明灯具下物资堆放不能过高，防止长时间使用温度升高后引燃下方物资。

2.4.1.3 消防设施要求

库内配电线路必须穿金属管或阻燃塑管保护，所有电源的开关箱应设在库外，库内不准使用电炉、电熨斗等电热器以及电视机、电冰箱。禁止使用不合规格的保险装置。库区以及周围 50m 内严禁燃放烟花爆竹。

消防器材应当设置在明显和便于取用的地点，周围不准堆放物品和杂物。

仓库的消防设施、器材应当由专人管理，负责检查、维修、保养、更换和添置，保证完好有效，严禁圈占、埋压和挪用。

库区的消防车道和仓库的安全出口、疏散楼梯等消防通道，严禁堆放物品。

不同物资类库房配置不同种类灭火器材。磷酸铵盐干粉（ABC 干粉）能扑灭各种油类、易燃液体、可燃气体和电气设备的初起火灾，还能有效地扑救木材、纸张、纤维等 A 类固体物质火灾；手提式二氧化碳系列灭火器适用于扑灭油类、易燃液体、可燃气体、电气设备、文物资料的初起火灾；强化水灭火器系列产品用于扑灭带电火；水成膜机械泡沫灭火器扑救非水溶性易燃和可燃液体。

库区配置水泵和消防供水设备。水泵用于在灭火作战中吸取并输送消防用水。消防供水设备是消防水泵的配套设备，是室内消火栓系统，它包括水枪、水袋和室内消火栓。

2.4.1.4 通风设施要求

为了防止大量热气、蒸汽或有害物质向生活地带或作业地带扩散，防止有害物质对周围环境的污染，必须从工艺、总图、建筑和通风等方面采取有效的治理措施。

发散有害物质的生产过程和设备，应尽量机械化、自动化，加强密闭，避免直接操作；并应积极改革工艺流程，使之少产生或不产生有害物质。

对于生产过程中不可避免发散的有害物质，向大气排放时，应符合国家现行的《工业企业设计卫生标准》《工业企业"三废"排放标准》《大气环境质量标准》以及各行业污染排放标准的要求。

发散粉尘的生产过程，应首先考虑湿式作业。运输含尘物料时，应尽量采用气力输送或水力输送。发散粉尘的生产厂房，宜采用湿法冲洗措施。当工艺不允许湿法冲洗且防尘要求较严格时，可采用真空吸尘装置。

大量散热的热源（散热设备、热物料等），应尽量放在生产厂房外面。对生产厂房内的热源，应采取有效的隔热措施。工艺流程的设计，宜使操作工人远离热源。

设计局部排风或全面排风时，宜采用自然通风，当自然通风达不到卫生要求时，应采用机械通风或自然与机械的联合通风。技术经济比较合理时，可采用屋顶通风机进行全面排风。

组织室内送风、排风气流时，不应使含有大量热、蒸汽或有害物质的空气流入没有或仅有少量热气、蒸汽或有害物质的地带。

2.4.1.5 厂区道路交通要求

厂区内道路的分类：① 主干道：全厂性的主要道路；②次干道：厂内车间、仓库、码头等之间的主要交通运输道路；③辅助道路：车间和行人通过较少的道路及消防道路等；④车间外道：车间、仓库等出入口与主次干道或辅助道路间相连的道路；⑤车间内道路；⑥人行道。

人流量较大的主干道两侧应修筑人行道，其宽度不得小于1.5m。厂内道路应设置交通标志，其设置位置、形式、尺寸、颜色等须符合国家安全标准的要求。易燃易爆产品的生产区域或储存仓库区，应依据安全生产的需要，将道路划分为限制车辆通行或禁止车辆通行的路段，并设置标记。厂内道路的交叉口，高峰时间或者交通比较繁忙而视线条件达不到规定要求的，应有专人指挥和设置信号灯。厂内道路应经常保持路面平整、路基稳固、边坡整齐、排水良好，且应有完好的照明设施。在职工上、下班时间内人流密集的出入口和路段，应停止行驶货运机动车辆。路面狭窄或交通容量大、堵塞的道路，应尽量实行单向通行。厂内道路在弯道、交叉路口不得有阻碍驾驶员视线的障碍物。路面宽度9m以上的道路，应画中心线，实行分道行驶。在道路上施工期间，应按规定设置施工标记，实行必要的安全防范措施。

厂区交通安全要求如下：

① 严禁顺铁路、公路中心行走。顺铁路应距铁道1.5m以外，顺公路应走人行道，无人行道时靠右行走；横过铁路、公路时，必须做到"一站，二看，三确认，四通过"。

② 不准无关人员随意搭乘机车，如渣土车、铁罐车和其他车辆代步。

③ 不准从渣土车、铁罐车和其他车辆的任何部位跳跨、钻越和攀越。

④ 严禁在铁路上、公路上、铁轨上、枕木上休息、睡觉和打盹。

⑤ 禁止靠近前进中的车辆，与其同向并行。渣土车、铁罐车在沿线倒车时，

工作人员要躲开,以防渣、铁溢出。

⑥ 行人和车辆严格遵守交通信号、灯光信号。绿灯表示通行,黄灯表示缓行,红灯表示禁止通行。

2.4.1.6　园林绿化要求

整合资源,推动园林绿化工程建设可改善生态环境,营造舒适的生活环境,使人们在获得深层次视觉享受的同时缓解身心压力,对人与自然和谐共处具有积极作用。

道路绿化。厂内道路绿化是环境绿化的重要组成部分,应满足遮阴、防尘、降低噪声、保证交通运输安全等要求。因此宜选择生长健壮、树冠整齐、分枝点高、遮阴效果好、抗性强的乔木作为行道树。

厂前区绿化。该区域植物栽植多数采用规则式和混合式相结合的方法。厂门到办公楼的道路两侧宜选用冠大荫浓、生长快、耐修剪的乔木作遮阴树,再配植灌木、宿根花卉和草坪。

办公区绿化。办公区一般处在工厂的上风位置,所以绿化条件较好。这一区域的绿化规划一般采用规则式与自然式相结合的布局,可设计花坛、喷泉水池、假山叠石等。

生产区绿化。该区域是厂区绿化的重点部位。在进行设计时应根据实际情况,有针对性地选择对有害气体抗性较强且具有吸附作用、隔音效果较好的树种。根据生产区不同车间的生产特点,室外绿化配置也有所不同:对于化工车间,宜种植抗性强、生长快、低矮的树木;对于高温车间,宜选择高大的阔叶乔木及色浓味香的花灌木;对于噪声强烈的车间,宜选择枝叶茂密、树冠矮、分枝点低的乔灌木,密集栽植形成隔音带;对于食品、光学、精密仪器制造车间,宜选择无飞絮、无花粉、落叶整齐的树种,同时注意低矮的地被和草坪的应用,以起到固土、防止扬尘的作用。

仓库区域绿化。仓库区域绿化宜选择树干通直、分枝点高的树种,以稀疏栽植乔木为主,从而保证各种运输车辆行驶畅通。

2.4.2　绿色工业建筑

2.4.2.1　内涵

绿色建筑的"绿色",并不是指一般意义的立体绿化、屋顶花园,而是代表一种概念或象征,指建筑对环境无害,能充分利用环境自然资源。绿色建筑是一种在建设期间不破坏环境基本生态平衡条件,在生存期间所消耗的物质和能源明显少于传统建筑的一种新型建筑，又可称为可持续发展建筑、生态建筑、回归大自然建筑、节能环保建筑等。为了贯彻可持续发展理念，有必要在建筑设计中引入绿色节能理念。结合绿色建筑设计理念，可以促进工业建筑领域的健康发展[11]。

绿色建筑的基本内涵可归纳为：减轻建筑对环境的负荷，即节约能源及资源；提供安全、健康、舒适性良好的生活空间；与自然环境亲和，做到建筑与人及环境和谐共处、永续发展。

2.4.2.2　设计理念

节约能源：充分利用太阳能，采用绿色设计理念，在不增加额外空调负荷的前提下满足室内的采光需求；在投资允许的条件下尽可能地减少电能的使用。充分利用绿色的新风能源，通过利用夏季的主导风向、规避冬季的主导风向来减少空调和采暖设备的使用。时刻优先考虑利用免费的绿色能源。采用节能的建筑围护结构以及设备，采用适应当地气候条件的平面形式及总体布局。

节约资源：在建筑设计、建造和建筑材料的选择中，均考虑资源的合理使用和处置。要减少资源的使用，力求使资源可再生利用。节约水资源，包括绿化的节约用水。

回归自然：绿色建筑外部要与周边环境相融合，和谐一致，动静互补，做到保护自然生态环境，营造舒适和健康的生活工作环境，建筑内部不使用对人体有害的建筑材料和装修材料。室内空气清新，温、湿度适当，使建筑内人员感觉良好，身心健康。

2.4.2.3　建造特点

绿色建筑的建造特点包括：对建筑的地理条件有明确的要求，土壤中不存在有毒、有害物质，地温适宜，地下水纯净，地磁适中。

绿色建筑应尽量采用无毒无害的绿色材料。建筑采用的木材、树皮、竹材、石块、石灰、涂料等，要经过检验处理，确保对人体无害。

绿色建筑还需根据地理条件，合理地设置太阳能采暖、制热水及发电装置，风力发电装置，水地源热泵，以充分利用大自然提供的天然可再生能源。

随着全球气候变暖，世界各国对建筑节能的关注程度日益增加。人们越来越清楚地认识到，建筑使用的能源所产生的 CO_2 是造成气候变暖的主要原因之一。节能建筑成为建筑发展的必然趋势，绿色建筑也应运而生。

2.4.2.4　衡量标准

"绿色建筑"作为一种建筑规则和建筑环境性能的衡量标准，是指为人们提供健康、舒适、安全的居住、工作和活动空间，同时在建筑全生命周期（物料生产，建筑规划、设计、施工、运营、维护及拆除、回收过程）中实现高效率地利用资源（能源、土地、水资源、材料）。最低限度地影响环境的建筑物，也被称为生态建筑，可持续建筑，是实现建筑业可持续发展的有效途径之一。受建筑业整体绿色发展政策、理念的影响，工业建筑绿色发展自 2010 年以来，呈现出政策和市场互相驱动的良性发展态势，绿色工业建筑、生态工业园区、绿色工厂项目数量稳步增长，有效贯彻落实了节能减排、大气污染防治以及生态可持续发展的要求，促进了工业领域的绿色转型发展[12]。

2.4.2.5 效果分析

绿色建筑的效果分析包括内部效果和外部效果，直接效益和直接费用称为内部效果，间接效益和间接费用称为外部效果。按照工程经济学的观点，内部效果可进行财务评价，外部效果应进行国民经济评价，所谓国民经济评价是按合理配置稀缺资源和社会经济可持续发展的原则，从国民经济全局出发，考察项目所耗费的社会资源和对社会的贡献来评价工程项目的经济合理性，外部效果一般包括产业关联效果、环境和生态效果、技术扩散效果，外部效果会造成私人成本（内部成本或间接成本）和社会成本不一致，导致实际价格不同于最优价格。从可持续发展的观点分析，评价"绿色建筑"效果主要是外部效果指标。随着我国绿色建筑的快速发展，绿色建筑评价标准也从借鉴国外经验到自主评价，形成较完善的体系[13]。

由于"绿色建筑"刚刚开始发展，统一性的量化指标体系还没有确立，应从以下几个方面进行分析。

严格控制建筑产业规模，限制从业人员数量。粗放型增长模式的集中表现为各地争上建筑项目，建设过程中采用人海战术，一旦国家限制建设规模，将形成"僧多粥少"的局面，导致机械化程度降低，劳动力水平低下。

加大科技投入，更新技术水平，建立和完善科技装备投入机制。着力建筑科技开发和应用研究，结合工程项目，针对未来建筑业特点，有计划地组织科技攻关，研究开发新机具、新工艺、新材料，积极引进、吸收和消化国际先进科学技术科技成果，提高机械化水平。

在城市规划、勘察设计中贯穿绿色建筑的思路。家庭住宅和城镇建设必须保留在建或改建的余地，从采光、通风、排水等方面减少对环境的破坏。

精心施工，降低资源消耗，在建筑生产过程中，应采用节能降耗措施，防止过多地消耗土地资源、水资源、电力资源等。

2.5 典型绿色工艺与技术

2.5.1 煤气化技术

2.5.1.1 固定床气化技术

固定床气化技术也称移动床气化技术,是世界上最早开发和应用的气化技术。固定床一般以块煤或焦煤为原料,煤(焦)由气化炉顶部加入,自上而下经过干燥层、干馏层、还原层和氧化层,最后形成灰渣排出炉外,气化剂自下而上经灰渣层预热后进入氧化层和还原层。固定床气化的局限性是对床层均匀性和透气性要求较高,入炉煤要有一定的粒(块)度(6~50mm)和均匀性。煤的机械强度、热稳定性、黏结性和结渣性等指标都与透气性有关,因此,固定床气化炉对入炉原料有很多限制。大型固定床气化技术包括 Lurgi 气化技术、BGL 气化技术和 YM 气化技术等。加压固定床气化技术是在常压固定床气化技术基础上发展起来的,主要解决常压固定床气化技术中气化强度低、单炉处理负荷小等缺点,最有代表性的是 Lurgi 加压气化炉。BGL 气化技术是在 Lurgi 气化技术基础上发展起来的,该技术最大的改进是降低了蒸气与氧气的体积比,提高了气化反应区的温度,实现熔融态排渣,从而提高了生产能力,更适合于灰熔点低的煤和对蒸气反应活性较低的煤。

2.5.1.2 流化床气化技术

气化剂由炉底部吹入,使细粒煤(粒度小于 6mm)在炉内呈并逆流反应,该技术通常称为流化床气化技术。煤粒(粉煤)和气化剂在炉底锥形部分呈并流运动,在炉上筒体部分呈并流和逆流运动,固体排渣。并逆流气化对入炉煤的活性要求高,同时炉温低、停留时间短会带来碳转化率低、飞灰含量高、残碳高、灰渣分离困难、操作弹性小等问题。具有代表性的炉型为常压 Winkler 炉、加压 HTW 炉和山西煤炭化学研究所灰熔聚技术炉型等。灰熔聚流化床气化技术是山西煤炭化学研究所于 20 世纪 80 年代末到 90 年代开发成功的一种流化床煤气化技术。在 φ300mm 小型气化试验装置(投煤量 1t/d)、φ1000mm 大型冷态试验装置和 φ1000mm 大型中间试验装置(操作压力 0.1~0.5MPa,投煤量 24t/d)的研究基础上,2001 年该技术常压操作的工业装置在陕西城固化肥股份有限公司合成氨装置上运行成功。2008 年 7 月在石家庄金石化肥有限责任公司建设一套加压灰熔聚流化床气化示范装置,投煤量 300t/d,在操作压力 0.6MPa 下实现了 77h 连续运行。

2.5.1.3 气流床气化技术

气流床气化技术采用粉煤或煤浆的进料方式，在气化剂的携带作用下，两者并流接触，煤料在高于其灰熔点的温度下与气化剂发生燃烧反应和气化反应。为弥补停留时间短的缺陷，必须严格控制入炉煤的粒度（小于0.1mm），以保证有足够大的反应面积，灰渣以液态形式排出气化炉。气流床的主要特点是气化温度高、强度大、煤种适应性相对较强、气化指标好。但由于在高温下反应，存在出气化炉的气体显热高、冷煤气效率低、原料消耗高等缺点。气流床气化技术代表了当前煤气化技术发展的主流趋势，代表技术有 GE 水煤浆气化技术、康菲 E-Gas 气化技术、清华达立科分级气化技术、华东理工大学四喷嘴水煤浆气化技术、Shell 粉煤气化技术、西门子 GSP 气化技术、航天炉 HT-L 气化技术以及单喷嘴冷壁式（SE）粉煤气化技术等。

2.5.2 煤化工与绿电绿氢技术耦合

近年来我国以光伏、风电为代表的绿电以及电解水制绿氢技术发展迅猛，绿电绿氢成本有了较大幅度下降。煤化工工艺中使用绿电代替煤电，可使煤化工生产过程 CO_2 排放间接减少约5%。煤是一种缺氢的高碳原料，现有煤化工过程中氢气是通过水煤气变换（WGS）反应产生 CO_2 为代价生产的，在煤化工生产过程中补充绿氢而不是通过过度消耗 CO 来调节合成气的 H_2/CO 比，将可能使煤化工工艺流程实现变革，煤化工工艺流程将会转变为：绿电电解水＋煤气化＋配绿氢＋净化＋合成＋精制（图2.3）。

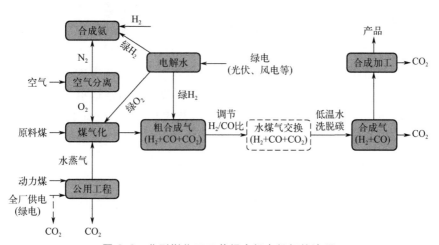

图2.3　典型煤化工工艺耦合绿电绿氢的流程

由图 2.3 可见，使用绿电电解水生产绿氢的同时也会生产绿氧，绿氧用于煤气化可减少或不用空分，煤气化装置规模和投资将会大幅缩减，绿氢用于合成气补氢和下游产品加氢精制，可减少或不用 CO 变换制氢工序，合成气中 CO_2 量减少，净化和脱碳规模也会明显减小。将置于现场的绿氢生产融入煤化工工艺中，可减少氢气的运输风险和投资。绿电绿氢绿氧在煤化工中的应用至少可以减少 60% 的 CO_2 排放，耦合绿氢的煤化工新工艺是否可行取决于绿电、绿氢和绿氧的技术成本和可持续的规模化供给以及新工艺投资成本的综合考量。随着绿电与电解水制氢技术的进步，预计 2030 年绿氢成本将会降低到 $1m^3 H_2 0.81 \sim 1.33$ 元，煤化工绿氢流程在经济上具有可行性。

核电是零碳能源，从碳排放的角度可看作为绿电。值得关注的是最近我国第四代核电技术取得重大突破，中国科学院上海应用物理研究所在甘肃武威建设的钍基熔盐堆核电商业性试验装置开始试运行；华能集团建设的全球首座装机容量 200MW 的球床模块式高温气冷堆核电示范工程正式装料，2021 年年底实现了并网发电。第四代核电技术可大幅度减少核废料，核原料来源更有保障，并能更充分地利用核资源，核电站更为安全，技术经济性也会得到较大的提升，尤其是钍基熔盐堆使用的钍原料在我国储量丰富，钍基的污染率非常低，熔盐堆冷却方法不会发生核泄漏事故，且能节省大量的水资源，可在与煤化工基地相近的陆地缺水的地方建造。2019 年宝武集团与中核集团、清华大学签订合作协议，计划采用高温气冷堆核电与先进的电解水制氢工艺耦合技术进行大规模的绿氢生产，用于氢冶金和煤化工。第四代核电技术的规模化推广应用将能提供更低价、稳定、充足的绿电和绿氢，为煤化工的发展提供了新的选择。绿氢在其他行业的使用也可能会改变煤化工产业的格局，如我国河钢集团采用全氢直接还原炼铁（DRI）技术正在建设全球首例 120 万吨规模的氢冶金示范工程。这一技术一旦成熟并得到推广应用，钢铁产业可以不用或少用焦炭，将可能大幅度减少或取消煤焦化化工，从而减少将近一半的煤化工用煤，会直接减少十几亿吨的 CO_2 排放。此外，用绿氢和氮气直接合成绿氨，将大幅度减少或取消煤基合成氨的生产，会直接减少上亿吨的 CO_2 排放。2020 年丹麦 Skovgaard 公司宣布建造世界上第一个配备 10MW 绿电电解水制绿氢的 5000t/a 绿氨示范工厂；美国 CF 公司将建造 2 万吨/年的绿氨示范工厂，近期技术经济评估认为绿氨的生产成本是常规合成氨的 2～3 倍，有待绿电发电成本的降低来提高绿氨的竞争性。目前国内绿氨合成还没有一套示范装置建设运行，仍处于基础研究阶段。也有专家认为，未来在绿电绿氢充足的条件下，依赖煤电和煤焦的煤-焦炭-电石-化学品-材料产品链可转变为近零碳排放的生物焦-电石-化学品-材料的产品链路线，使得传统电石化工产业获得新的发展机会。

2.5.3　煤化工与 CCS/CCUS 技术耦合

将煤化工、燃煤电厂和石油化工装置排放的 CO_2 经捕获浓缩后注入地下封存的技术称为 CCS 技术，CO_2 经捕获浓缩后注入油田，用于驱油后再封存的技术称为 CCUS 技术。图 2.4 为煤化工中 CO_2 封存及资源化利用示意图。由图 2.4 可知，在煤化工工艺中脱碳工段会排放出大量的纯度达到 90% 以上的 CO_2，与 CCS/CCUS 技术耦合对接，至少可以减少 60% 的 CO_2 排放。目前我国已投运或在建的 CCS/CCUS 示范项目约 40 个，总的 CO_2 捕集能力约为 300 万吨/年，以石油、煤化工、电力行业小规模捕集驱油示范为主，缺乏大规模、多种技术组合的全流程工业化示范。2020 年全球 CCS/CCUS 项目超过 400 个，正在运行的装置每年可捕集和永久封存约 4000 万吨 CO_2。据生态环境部环境规划院发布的《中国二氧化碳捕集利用与封存（CCUS）年度报告（2021）》：中国地质封存 CO_2 潜力（1.21～4.13）万亿吨，中国深部咸水层 CO_2 封存容量约 2.42 万亿吨。据初步测算，我国鄂尔多斯盆地废弃油藏可封存 CO_2 数十亿吨以上，盆地内深奥陶系灰岩盐/咸水层可封存 CO_2 达数百亿吨。据中国石油勘探开发研究院数据，我国适用于 CO_2 驱油的原油地质储存量约 130 亿吨，可增加产油量 19.2 亿吨，提高采收率约 15%，并封存 CO_2（47～55）亿吨，若考虑全部油藏潜力，封存量将达 150 亿吨以上。该报告还指出，在碳中和目标下，中国 CCUS 减排需求为：2030 年（0.2～4.08）亿吨，2050 年为（6.0～14.5）亿吨，2060 年则达到（10～18.2）亿吨；到 2050 年，化石能源仍将扮演重要角色，在能源消费中仍会占相当的比例，CCUS 将是实现该部分化石能源近零排放的托底技术。

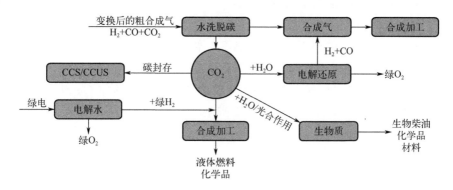

图 2.4　煤化工中 CO_2 封存及资源化利用技术示意图

2016—2019 年我国完成了"陕甘宁蒙地区百万吨级 CO_2 捕集、驱油与埋存示范项目预可行性研究"项目。2011 年神华鄂尔多斯建成投运了 10 万吨/年的 CCS 示范项目，采用甲醇吸收法捕集煤气化制氢装置尾气中的 CO_2，然后将 CO_2 注入地下盐水层中，该项目是我国第一个盐水层地质封存试验项目。2012 年陕西延长石油建成投运了一套 5 万吨/年的 CCUS 装置，该装置采用煤化工产生的 CO_2，经过低温甲醇洗技术提纯 CO_2 并加压液化后注入油田中，用来提高原油的采收率，并将 CO_2 永久封存。2021 年陕西延长石油 CCUS 示范规模达到 15 万吨/年，计划建设百万吨级的 CCUS 项目。2021 年 7 月我国首个百万吨级 CCUS 项目启动建设，即齐鲁石化-胜利油田 CCUS 项目，由齐鲁石化捕集 CO_2 运送至胜利油田进行驱油封存。2021 年 10 月陕西榆林城投佰盛化学科技有限公司采用煤化工尾气为原料的 100 万吨/年液体 CO_2 捕集项目启动建设。值得注意的是，目前国内外正在探索开发从含 CO_2 浓度很低（体积分数约 0.03%）的空气中直接捕集 CO_2（direct air capture，DAC）的技术，该技术是一种使用 CO_2 吸附剂通过吸附-解吸来提纯 CO_2 的技术，提纯浓缩的 CO_2 可与 CCS 结合将 CO_2 注入地下固定，也可将浓缩的 CO_2 作为原料进行 CO_2 资源化利用。DAC 技术是一种负碳排放技术，它不仅可直接降低空气中的 CO_2 浓度，而且适合于数以百万计的小型化石燃料燃烧装置以及数以亿计的交通工具等散发源排放的 CO_2 的捕集；既可包括煤化工装置散发排放的 CO_2 的捕集，如公用工程中蒸汽锅炉排放的 CO_2 等，也可包括煤化工产品在消费端使用时排放的 CO_2 的捕集。DAC 技术的优势是不限捕集地点，可在封存 CO_2 的现场实施应用，能够减少 CO_2 存储与运输环节以及成本。最近全球最大的直接从空气中捕集浓缩 CO_2 的工厂在冰岛建成运转，该工厂通过吸附材料从空气中吸附 CO_2 并分离提浓，分离出的高浓度 CO_2 与水混合，泵入地下深井咸水层后使 CO_2 矿化为岩石（DAC-CCS），该工厂年固定封存 CO_2 4000t。目前全球已有 15 座 DAC 工厂运行，年捕获 9000t 以上 CO_2。2018 年哈佛大学 Keith 教授估测 DAC 成本为每捕获 1t CO_2 耗费 94～232 美元，目前 DAC 成本仍然过高，迫切需要开发高效的吸脱附材料和成本低廉的工艺系统。若煤化工企业采用 DAC-CCS 技术封存 CO_2，封存的 CO_2 量可用于置换一部分煤化工生产过程中排放的 CO_2 量，因此未来 DAC 技术的发展将可能间接促进煤化工产业的发展。目前国内 DAC 技术发展相对滞后，多处于实验室研究阶段。

现阶段我国 CCS/CCUS 项目规模尚小，高昂的成本投入是制约项目大规模开展的主要原因。目前煤燃烧后尾气捕集 CO_2 成本需 300～400 元/t，煤化工脱碳工段可以较容易地捕集获得高浓度（90% 以上）CO_2，捕集成本仅 100 元/t。所以煤化工对接 CCS/CCUS 项目具有天然的技术优势，除捕集成本外，还有压缩储存、运输和注入封存成本问题。预计到 2030 年，我国全流程 CCS/CCUS

（按 250km 运输计）技术成本为 $310\sim770$ 元/t CO_2，2060 年将逐步降至 $140\sim410$ 元/t CO_2。2021 年 7 月我国碳交易市场正式上线，碳定价和碳补贴政策，对 CCS/CCUS 项目的发展将起到激励作用。随着 CCS/CCUS 技术的不断突破、CO_2 封存成本的持续降低与合理碳税的加持，预测我国在 2030 年以后 CCS/CCUS 技术将会得到规模化的推广应用，将有可能使煤化工产业减少亿吨级以上的 CO_2 排放。

参考文献

[1] 摄雪峰. 新型煤化工产业发展规划研究 [J]. 中国化工贸易，2020，12 (2)：242-243.

[2] 李中华. 煤化工产业现状及发展对策建议 [J]. 前进，2005 (10)：35-36.

[3] 郭成义. 中国煤化工的现状及展望 [J]. 煤炭技术，2013，32 (11)：11-12.

[4] 连文威. 生态文明约束下的中国煤化工产业战略选区研究 [D]. 北京：中国地质大学（北京），2019.

[5] 赵君强. 煤化工绿色发展研究 [J]. 煤炭与化工，2020，43 (7)：126-127，138.

[6] 孟浩. 煤化工技术进展及产业现状分析 [J]. 化工管理，2015 (17)：150.

[7] "十四五"工业绿色发展规划发布 [J]. 石油化工建设，2021，43 (6)：107.

[8] 董伟. "碳达峰、碳中和"背景下绿色工厂评价的新要求 [J]. 质量与认证，2021 (10)：55-57.

[9] 涂清菡. 石油化工企业绿色工厂建设探索与研究 [J]. 江西化工，2021，37 (3)：10-12.

[10] 郭洪伟. 城市基础设施物质代谢及其跨区域生态环境效应研究 [D]. 上海：华东师范大学，2022.

[11] 张凯毅. 刍议绿色工业建筑设计要点 [J]. 产业创新研究，2022 (6)：78-80.

[12] 郭振伟，吕丽娜，石磊. 我国工业建筑绿色发展现状分析 [J]. 建设科技，2020 (14)：51-54，58.

[13] 梅阳，程莹，王云燕，等. 中外绿色建筑评价标准关键指标对比研究 [J]. 城市建筑空间，2022，29 (9)：92-95.

第3章 煤化工行业节能减排与水资源利用

3.1 我国煤化工行业节能减排的意义

我国以煤为主的能源禀赋和以高耗能为主的产业结构，决定了未来一定时期内煤炭仍是我国经济社会发展的主要能源。2020年我国能源消费总量49.8亿吨标准煤，煤炭占能源消费总量的56.8%，而天然气、水电、核电、风电等清洁能源消费量仅占能源消费总量的24.3%。一次能源生产总量为40.8亿吨标准煤，原煤占比为67.6%。为应对气候变化压力和实现经济社会绿色可持续发展，自2005年节能进入我国"十一五"规划纲要、2007年减排纳入行政法规和部门规章以来，煤炭行业的发展与节能减排政策紧密相关。2007年我国煤炭产量达到25.23亿吨，居世界首位，分别占世界一次能源资源、生产和消费总量的95%、76%和69%。我国煤炭资源的大量开采和利用保障了国民经济和社会的快速发展。我国煤炭的大量开采以及传统的煤炭利用方式造成了严重的资源和环境问题，2016—2020年我国煤炭产量及消费量如图3.1所示。

目前煤炭经济总量的提高主要是以煤炭资源开发规模的扩大、产量的快速增加为基础，而煤炭资源回采率低、环境污染严重的问题仍然十分突出。一方面，我国已查明煤炭资源储量仅占资源总量的18%、可供建井利用的精查资源量仅占20%，而全国煤矿资源回采率只有45%左右，其中小煤矿仅为15%左右，如何利用科技手段提高煤炭资源开发利用效率的问题亟待解决。另一方面，面临清洁生产技术水平低、环境影响加剧的挑战，我国多数煤矿，尤其是大量的小型煤矿仍然采取传统的开采、储运方式，原煤入洗率不高、煤层气开发利用率低，矿区环境保护的压力加大。

据统计全国煤炭消费仍以原煤为主，原煤入选比例40%，大量的原煤直接燃烧形成了以煤烟为主的大气污染；全国瓦斯排放量超150亿 m^3/a，抽放率约

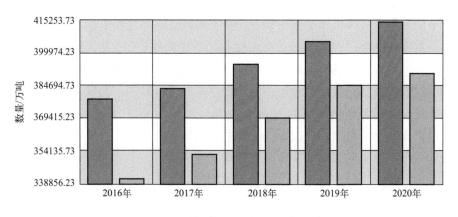

图 3.1　2016—2020 年我国煤炭产量及消费量

20%，利用率则更低；矿井总排水量在 45 亿 m^3/a 左右，净化利用率约 40%；全国约有 4.5 万 hm^2 煤矿开采塌陷农田土地，煤矸石地面堆积约 45 亿吨，占用土地 2 万 hm^2。每年新增煤矸石 3.5 亿吨以上，造成大型矿区、煤炭资源城市严重的环境污染和生态破坏。煤炭资源开发与环境协调发展成为急需解决的突出问题，2012—2021 年我国煤炭消耗量如图 3.2 所示。

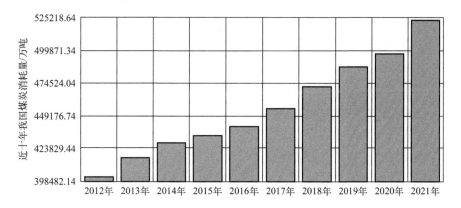

图 3.2　2012—2021 年我国煤炭消耗量

煤矿是工业用能大户。据统计全国煤矿约有 40% 的耗能设备属于落后淘汰设备。原国有重点煤矿主通风机、主排水泵的平均效率只有 60%。系统运行效率低于 55%。比国外先进水平约低 15 个百分点。全国煤生产综合能耗 10～25kW·h/t，耗电量达（300～500）亿 kW·h。矿井大型提升运输、采掘通风设备耗能极高，相当一部分设备设施能耗指标落后，急需进行升级改造。

节能减排是当今世界关注的焦点，是人类社会应对气候变化、实现可持续发展的必然选择。我国党和政府历来高度重视节能减排工作。"十四五"节能减排综合工作方案提出到 2025 年，全国单位国内生产总值能源消耗比 2020 年下降13.5%，能源消费总量得到合理控制，化学需氧量、氨氮、氮氧化物、挥发性有机物排放总量比 2020 年分别下降 8%、8%、10% 以上、10% 以上。节能减排政策机制更加健全，重点行业能源利用效率和主要污染物排放控制水平基本达到国际先进水平，经济社会发展绿色转型取得显著成效[1]。

3.2 煤化工行业节能减排的主要内容

3.2.1 节能减排面临的形势与存在的问题

节能减排是实现经济低碳发展和可持续发展的重要方式和手段。通过节能减排，可以减少环境污染物的排放，从而保护自然环境和森林植被，并有助于提高资源和能源的利用效率。充分利用和开发可再生资源，从而减少污染物的排放，保护环境，以实现可持续发展和循环型社会的目标。

节能减排是党中央、国务院站在经济社会发展全局，从全国人民的根本利益出发而做出的重大战略决策，是落实科学发展观、构建社会主义和谐社会的重大举措。节能减排是应对温室气体减排国际压力、能源供需矛盾和生态日益恶化问题的主要手段，是实现节约、低碳、清洁、低成本、低代价发展的方式。其实质就是应用技术上现实可靠、经济上可行合理、环境和社会都可以接受的方法。有效地利用能源和提高能源利用效率是实现低能耗、低污染、低排放和高效能、高效率、高效益发展目标的着力点[2]。

现代煤化工是推动煤炭清洁高效利用的有效途径，对拓展化工原料来源具有积极作用，已成为石油化工行业的重要补充。国家发展改革委、工业和信息化部、生态环境部、国家能源局联合印发了《高耗能行业重点领域节能降碳改造升级实施指南（2022 年版）》（以下简称《指南》），提出现代煤化工行业先进与落后产能并存，企业能效差异显著。用能主要存在余热利用不足、过程热集成水平偏低、耗汽/耗电设备能效偏低等问题，节能降碳改造升级潜力较大。主要问题如下。

（1）煤制乙二醇改造压力较大

《指南》中指出，现代煤化工产业范围包括煤制甲醇、煤制烯烃和煤制乙二醇。产业特征是煤气化为龙头、化学品为目标、产业化成熟度高、产业规模大。2020 年，上述三者二氧化碳排放量合计约 2.4 亿吨，约占石化行业的 17%，约占煤化工行业的 35%。《指南》提出到 2025 年，煤制甲醇、煤制烯烃、煤制乙二醇行业达到能效标杆水平以上产能比例分别达到 30%、50%、30%，基准水平以下产能基本清零。

我国煤制甲醇自 2000 年以来加速发展，目前行业内企业生产规模和技术水平存在较大差距，能效低于基准水平的产能仍约占 25%。煤制烯烃自 2010 年第一套示范装置建成投产后快速发展，项目整体建设标准高，工程质量水平高，目前煤制烯烃全部产能的能效均达到基准水平以上。煤制乙二醇建设进程与煤制烯烃基本同步，但煤制乙二醇技术路线多，项目建设时以打通关键技术为主要目标，部分项目建设中对整体能量优化利用的设计不足，装置能耗高，部分技术路线的工业化过程也不够顺利。目前，煤制乙二醇能效低于基准水平的产能约占 40%。

今后，建成时间早、装置能耗高的煤制甲醇产能，以及建设时技术尚不够成熟、装置效率低的煤制乙二醇产能，是节能改造和淘汰退出的重点。对煤制甲醇和煤制乙二醇行业来说，实现能效基准水平以下产能基本清零还是有比较大的压力的。

(2) 颠覆性前沿技术亟待突破

《指南》提出的工作方向包括加强前沿技术开发应用。我们国家的现代煤化工产业，尤其是纳入《指南》里的煤制甲醇、煤制烯烃、煤制乙二醇产业，整体技术水平是比较高的。现在的前沿技术开发还是侧重于合成技术。合成有几个关键环节，一个是核心催化剂，另一个是跟它配套的关键设备，即合成反应器；还有整套工艺，如果能够大幅度提高工艺技术水平，是非常有益的。比如合成气直接法制烯烃（一步法），这个技术如果成熟，就能够大幅缩短生产工艺流程长度，也能够降低产业化复杂程度，可实现大幅节能降碳。

《指南》在前沿技术中提到了绿氢与煤化工项目的耦合。绿氢和煤化工的耦合，实际上是一种产业模式的创新和再升级，它的要点就是用可再生能源产生的绿电来电解水制氢，然后氢气进一步作为化工的生产原料。煤化工的特点是煤里面碳多氢少，产品里面氢多碳少，所以中间需要一个变换反应过程。这个过程是一氧化碳加上水蒸气生成氢气和二氧化碳，在这个过程中牺牲了一氧化碳，又产生了二氧化碳，这也是煤化工之所以产生大量二氧化碳的核心原因之一。如果绿氢加入进来，就可以适当降低变换的负荷。在这种情况下，煤化工的碳排放就可以降低，这是非常值得期待和探索的。

但是目前在绿氢用于煤化工的产业化实施方面还存在不小的挑战，比如光电、风电利用小时数低，如何与煤化工连续性生产相匹配；光电、风电波动性大，如何与煤化工稳定用电、用氢的要求相适应；煤化工用电、用氢需求量大，光电与风电配套规模要求非常高；光电、风电经济性如何与煤化工生产成本控制要求相匹配，目前绿氢成本大概是煤制氢的两倍或更高，这些问题都需要在产业化推进的过程中逐步解决。

（3）余压余热利用有待提升

成熟的绿色工艺技术，比如大型先进煤气化、高效催化剂、高效甲醇合成等工艺技术，跟传统的技术相比有更好的节能降碳效果。对于那些建厂比较早的、现在到了改造升级期的企业，采用新技术来替代应该是更现实的。而且这类技术实施起来成功的把握性也会更大一些。这种改造会对企业生产运营带来一定的影响，可能涉及短期停产。总体来讲，这一类的技术升级，资金投入还是比较大的。

在不改变核心主体流程的情况下，其他的重点节能改造空间：一是关键设备的节能，尽量采用能效高的设备；二是全厂能量系统整体优化。煤化工的一个很大的特点就是副产余压余热量比较大，有一些工厂对余压余热利用不是特别充分，这是改造的重点之一。这方面可以向优秀的煤制氮肥企业学习，他们在能量利用方面做得非常细致深入。

如果上面说的这些工作都已经做到了，企业就要在运行管理方面加强，这里面包括操作工人的节能意识，还有各种节能的管理措施要做到位。对煤化工企业来说，工厂良好的运行管理也非常重要。煤化工企业都特别注重"安稳长满优"的生产，即让所有的设备处在最好的运行状态下，让整个工厂都能够发挥出它最好的效能。在这种情况下，能量利用应该是最合理、最优化的。

（4）二氧化碳生产新材料意义较大

《指南》在废物综合利用部分提出，因地制宜开展变换等重点工艺环节的二氧化碳捕集、利用及封存试点。煤化工生产过程中产生的二氧化碳浓度高达95％以上，可大幅降低捕集成本，有利于开展二氧化碳捕集、输送与封存示范。如果要做 CCS 项目，煤化工产生的二氧化碳是一个最直接、最低成本的可以利用的碳源，因为它可以减少捕集的成本。从封存这个角度讲，封存需要一定的地质条件，需要周边有废弃油井气井、盐穴或岩穴等适宜储存的场所，并不是在所有地方都能够做封存。但目前，煤化工企业还不具备大规模开展二氧化碳封存的条件。

加快开展二氧化碳制生物可降解塑料、碳酸二甲酯等产品技术开发与示范是比较有意义的。举例来说，二氧化碳与环氧丙烷共聚，生成以二氧化碳和环氧丙烷共聚物（PPC）为代表的脂肪族聚碳酸酯，作为生物可降解塑料，在食品和医用包装领域具有应用价值。再比如二氧化碳与环氧丙烷生成碳酸丙烯酯，再与甲醇反应，生成碳酸二甲酯。这些作为材料利用的产品，具有更好的碳利用价值。

对于二氧化碳加氢制甲醇技术，目前其发展要点是打通技术瓶颈，摸索工程经验，为未来低浓度二氧化碳加工利用提供技术基础。因为我国有大量煤制甲醇，其生产过程中是需要采取变换反应的，如果是煤化工排放出来的二氧化碳，再去加氢制甲醇，则不如把氢放到生产过程里替代变换，可以直接减少二氧化碳的排放，这是用氢来减碳最直接的途径，其效果远远好于末端治理二氧化碳。对煤化工来讲，二氧化碳利用的切入点可能放在中间过程更合适。

如果放在更广阔的领域看，还有大量的火电厂、钢厂，也排放大量的二氧化碳，将来这些来源的二氧化碳需要治理的时候，二氧化碳制甲醇技术就能派上用场。我国的二氧化碳治理与利用应根据我国产业国情实际，排排顺序；二氧化碳制甲醇技术在大规模应用方面，应该把目光放长远，现阶段做好技术开发，把它作为技术储备是很有意义的。

3.2.2 节能减排的主要措施

煤化工企业应因地制宜，采用新工艺、新技术、新装备，加强和完善节能减排措施，科学管理，在经济效益不断提升的基础上，提高社会效益，从而达到节能减排的目的。具体措施如下。

① 提升节能环保、资源综合利用的技术和装备水平，积极采取第三方节能环保治理模式。

② 积极推动合同能源管理模式，实施节能技术改造，探索通过能源托管方式降低用能成本。

③ 积极推进新技术、新工艺的应用，以达到节电、节能的目的。在节电方面，应从高效电机、水泵、风机、空压机、变压器等设备入手；在节能方面，应重点推广应用矿井水、回风源、回风瓦斯余热资源利用技术。

④ 加强煤炭消费总量控制，重视能耗在线监测系统建设工作。此为国家的强制性要求，即能耗数据的准确性是节能改造项目实施的前提条件。

⑤ 应充分利用太阳能、风能、地热等清洁能源替代燃煤锅炉。

⑥ 对于固定资产投资项目，要绷紧节能审查之弦，在项目立项前严格落实节能报告中的各项内容，在项目投产前认真编制节能验收报告。

⑦ 积极配合上、下游行业，严格执行"污染防治三年行动计划"对煤炭企业的要求。

⑧ 加大煤层气（瓦斯）开采利用力度，高浓度瓦斯用于生产管道天然气、压缩天然气和液化天然气，8%～30%中低浓度瓦斯用于发电和供热供暖，超低浓度瓦斯和回风瓦斯直接销毁[3]。

⑨ 煤化工企业可以自己投资，也可以和专门做绿电、绿氢的企业合作，最重要的还是降成本。如果加入的绿电、绿氢量比较大，成本足够低，这样生产出来的产品才能具备成本竞争力。毕竟煤化工产品大多是大宗产品，还要去跟别的技术路线竞争。不过，将来如果采用了绿氢，有可能通过绿色标签认证来把它变成绿色环保产品，相应可能会有一定的溢价空间，企业要做好溢价空间和成本之间的核算。

3.3 节能减排工作政策措施与建议

（1）加强领导，建立健全节能减排责任体系

当前急需解决的问题是要尽快建立健全的煤化工行业节能减排工作责任体系，层层抓好落实形成强有力的工作格局。国家明确各级煤化工企业管理部门应该按照职能分工抓好本辖区煤化工行业节能减排工作。行业协会要协助政府主管部门做好煤化工行业节能减排统计、信息交流、节能规划和技术咨询服务等方面的工作。煤化工企业作为节能减排的实施主体必须按照国家有关要求建立和完善节能减排专职管理，能源计量、环境监测机构配齐专职工作人员，明确责任和任务，健全节能减排管理制度。要将节能减排指标完成情况作为企业负责人业绩考核内容实行"一票否决"。

（2）强化重点企业节能减排管理，建设行业节能减排技术服务体系

根据"十一五"期间全国千家重点耗能企业实现节能1亿吨标准煤、每年实现节能2000万吨标准煤的总体目标，煤化工重点耗能企业要编制企业节能规划，建立起内部节能责任制，完善节能管理制度；开展节能减排设备检测，实施节能奖励措施；进一步加大结构调整和技术改造力度；提高节能管理水平，在煤炭行业发挥示范引导作用。

加快建立行业节能技术服务体系。加快培育煤化工行业节能服务市场，加快推行合同能源管理，依靠中介组织和专业化节能服务公司，为煤化工企业实施节能改造提供诊断、融资、改造、运行管理一条龙服务。

加强节能国际交流与合作。广泛开展节能减排国际科技合作，与有关国际组织和国家建立节能环保合作机制，积极引进国外先进节能环保技术和管理经验，不断拓宽节能环保国际合作的领域和范围。

（3）加大资金投入，推进产业节能减排技术改造

节能减排是对传统工艺流程、技术路线的一次革命性变革。淘汰落后产能和工艺上新必要的设备必须有一定的投入。国家正在着力构建政府引导、企业为主和社会参与的节能减排投入机制，近期相继出台了一系列节能减排扶持政策，设立了相关专项资金，煤化工企业要密切关注国家宏观经济走势，积极争取有关部门对煤炭行业和煤炭企业的支持。煤化工企业还应积极争取金融机构对发展煤炭循环经济、环境保护及节能减排技术改造项目的信贷支持。企业自身也应该高度重视节能减排工作，逐步加大对节能减排的投入，使企业走上可持续发展的道路。

（4）加强制度建设，建立节能减排监督与激励机制

煤炭企业，尤其是大型煤化工企业要建立节能管理、检查制度，定期检查节能指标完成情况、节能管理情况、能源利用情况、节能技改和项目完成情况。要健全和完善节能规划，明确节能目标和工作重点，制定具体节能措施，确保节能规划的顺利实施。要建立健全煤炭行业节能减排计量、统计制度，按照有关规定配备计量器具和仪表；建立健全原始记录和统计台账，按期报送节能减排统计报表。要健全和完善行业节能减排标准，设计规范，主要耗能设备能效标准和煤化工主要生产工序能耗评价体系。

要按照《企业能源审计技术通则》等规定要求开展煤炭企业能源审计，提出切实可行的节能减排措施。要建立和完善节能减排奖惩制度，把节能减排目标落实到车间、班组、机台。

（5）加强节能减排教育，强化宣传与培训

煤化工企业要利用多种形式和媒体手段，积极组织开展形式多样的宣传、教育活动，提高节约和环保意识，增强社会责任感。重视和加强对广大职工，特别是青年职工的节能、环保教育，帮助其掌握节能、环保的知识与技能，并广泛开展节能减排合理化建议活动。有计划地组织节能减排业务学习和培训，主要耗能设备操作人员须经考试合格后方可上岗。加强企业节约型文化建设，提高资源忧患意识、节约意识和环境保护意识。

（6）充分发挥行业协会在促进行业节能减排上的作用，努力做好咨询服务

近年来，中国煤炭工业协会和煤炭工业节能办公室为推进煤炭行业节能减排做了大量工作，也取得了一些成效，得到了政府部门和企业的肯定。先后与国家发展改革委共同组织召开了煤炭行业循环经济现场交流会；召开了煤炭行业节能工作会议；发布了《关于促进煤炭行业节能工作的指导意见（试行）》。协会接受委托开展了"煤炭行业产排污系数核算课题""煤炭行业节能指标体系及评估体系研究""煤炭工业节能技术支撑体系研究""煤炭企业节能审计研究""煤炭

资源节约技术与措施研究"和"中国煤炭工业能源效率研究"等行业节能减排重大课题,提出了《煤炭工业节能减排工作意见》,为科学建立煤炭企业能源消耗指标和节能技术支撑体系奠定了基础。

今后仍要继续发挥协会在促进行业节能减排上的作用,努力做好咨询服务。中国煤炭工业协会和煤炭工业节能办公室还将继续协助政府有关部门开展煤炭工业节能减排政策研究,为政府适时出台促进产业结构调整政策和措施提供支撑。认真开展能源消费统计、信息交流、节能规划、节能监测和技术咨询服务工作,加强节能专业技术人才的引进和培养,帮助企业开展能源审计、评估推行合同能源管理,建立煤炭工业节能减排服务体系和新型运作机制。煤炭工业节能办公室还将组建煤炭节能减排专家委员会,指导企业节能减排规划、审计报告的编写。为企业节能减排技改(包括诊断、设计、运行管理)等提供技术服务,组织开展各种技术、经验、合作方面的交流活动[4]。

3.4 煤化工行业水资源利用概况

3.4.1 我国水资源分布特征

(1) 我国水资源总体概况

除煤炭是必备资源外,水也是煤化工产业必须依赖的主要资源。水资源是社会发展、经济增长的重要物质基础之一,也是维系区域生态平衡和持续发展的重要资源。2021 年,全国水资源总量约为 29638.2 亿 m^3,其地表水资源量为 28310.5 亿 m^3,地下水资源量为 8195.7 亿 m^3,地下水和地表水的不重复量为 1327.7 亿 m^3。

近年来,我国国民经济保持高速增长,水资源总量总体呈趋稳态势,而我国煤化工产业发展速度居世界第一。

(2) 水资源分布规律及特点分析

在区域分布上,我国水资源严重失衡,总体呈"东多西少、南多北少"的分布格局。据统计,长江流域及以南地区的人口占全国 54%,占国土面积的 36.5%,而水资源占全国的 81%;北方人口约占 46%,水资源仅占 19%。西北地区由于水汽年蒸发量是年平均降水量的 5~10 倍,其水资源的短缺问题表现尤为突出,干燥程度较为严重,属于严重缺水地区。

在流域上,长江流域、珠江流域和西南诸河流域是水资源最丰富的地区;黄河流域、辽河流域、海河流域的水资源较匮乏,如表 3.1 所示。主要流域的年降水量与其水资源量呈正比关系，分布特征和量化趋势基本相同[5]。

◆ 表 3.1　全国分区水资源数量表

分区名称		面积/万平方公里	降水总量/亿立方米	河川径流量/亿立方米	地下水补给量/亿立方米	水资源总量/亿立方米	产水系数	产水模数/（万立方米/平方公里）
黑龙江流域片		90.34	4358	1166	431	1334	0.306	14.77
辽河流域片		34.50	1915	487	194	575	0.300	16.67
滦河流域片		31.82	1775	288	265	428	0.241	13.45
黄河流域片		79.47	3719	662	406	740	0.199	9.32
淮河流域片		32.92	2839	741	393	964	0.340	29.28
长江流域片		180.85	19162	9512	2462	9587	0.500	53.01
珠江流域片		58.06	8945	4685	1115	4706	0.526	81.05
浙闽台诸河片		23.98	4342	2557	613	2591	0.597	108.04
西南诸河片		85.14	7846	5853	1540	5853	0.746	68.75
内陆诸河片		332.17	4989	1064	786	1161	0.233	3.49
额尔齐斯河		5.27	186	100	44	102	0.548	19.25
合计	北方六片（含额尔齐斯河）	606.49	19781	4508	2519	5304	0.268	8.75
	南方四片	348.04	40295	22607	5730	22737	0.564	65.33
	全国	954.53	60076	27115	8249	28041	0.467	29.38

3.4.2　我国水资源概况及面临的挑战

我国水资源人均占有量低，时空分布不均。目前我国每年人均水资源占有量约为 2200m³，仅为世界平均水平的 30%。长江以北水系流域面积占全国国土面积的 64%，水资源却只占全国的 19%，干旱缺水成为北方地区的主要自然灾害。我国大部分地区每年汛期连续 4 个月的降雨量占全年的 60%~80%，往往造成洪水成灾。目前，我国水资源主要面临以下三大挑战。

（1）频繁的洪涝灾害威胁经济社会发展

受季风气候影响，我国是一个洪涝灾害严重的国家。防洪问题历来受党和政府的高度重视。1998 年长江流域发生大洪水以后，我国政府加大了对防洪的投入，目前七大江河的防洪能力有了较大的提高，防洪工程体系已具较大规模，防洪形势得到了一定程度上的改观，但是洪涝灾害对我国的威胁依然很大。1990 年以来，由于洪涝灾害所导致的损失全国年均在 1100 亿元左右，约占同期全国 GDP 的 1%。洪涝灾害对我国的威胁主要表现在：一是大部分江河的防洪工程系统还没有达到规划标准，尤其是蓄滞洪区建设严重滞后，尚未形成完善的防洪减灾体系；二是河流众多，流域面积在 100 平方公里以上的有 5 万多条，大量中小河流防洪标准低；三是已建成的水库中有 3 万多座为病险水库，防洪危险极大；四是局部性的山洪、泥石流、滑坡灾害点多面广，防御难度大，台风所造成的灾害难以防御。

（2）水资源紧缺已经成为经济社会发展的主要制约因素

在解决饮用水方面，2021 年 2 月 25 日，习近平总书记在全国脱贫攻坚总结表彰大会上庄严宣告，脱贫群众饮水安全都有了保障，许多乡亲告别苦咸水，喝上了清洁水。到 2021 年年底，全国农村集中供水率达到 89%，自来水普及率达到 84%。农村供水工程建设显著改善了农村饮水条件，让亿万农民真正得到了实惠，为助力全面建成小康社会交上了精彩的答卷。在工业供水方面，我国工业用水从 1980 年的 417 亿 m^3 增加到目前的 1200 亿 m^3。但是应该看到，我国水资源短缺的状况还相当严重。工业和城市用水的紧张状况日益突出，已经成为一些城市发展的主要制约因素之一。随着工业发展和人口增长，大量未处理的工农业污水和生活废水排入河流、湖泊，从而造成了不同程度上的水质恶化，更加剧了水资源的短缺[6]。

（3）水污染严重

根据调查可知，我国饮用浅井以及江河水的人数比例达到 80% 左右。在人们所饮用的水当中，有 75% 的水受到了严重的污染。近年来，随着我国工业的不断发展，导致我国的废水以及污水排放量不断增加。从统计数据可知，这些废水以及污水排放量的增加速度是每年 1 亿 m^3，我国工业生产的废水以及人们的日常生活污水每日的排放量约 1.64 亿 m^3。在这个数据当中，有 80% 的水是没有经过处理的，人们将这些水直接排放到了水域当中，造成了我国 1/3 以上的河段受到了严重污染，城市水域受污染的比例达 90%，重点城镇水源严重不符合饮水标准的比例达到了 50%。从这些数据可以看出，当前我国水污染的现象十分严重，我们不得不采取措施来解决水污染问题[7]。

3.4.3 煤化工行业用水现状

煤炭资源和水资源是现代煤化工发展的最主要原材料，我国水资源与煤炭资源空间上的逆向分布，成为制约产业持续发展的关键问题。我国西北地区多为干旱半干旱地区，地形地貌复杂，为黄土高原、沙漠和丘陵山区，沟壑纵横，水资源条件差；而我国煤炭资源多分布于这些干旱和半干旱地带，如2021年晋陕蒙新四省区合计产煤32.52亿吨，占全国产量79.9%，国土面积占全国约33%，水资源总量仅占全国的9.50%。我国东部的水资源总量普遍较多，而煤炭资源总量则相对较低，煤化工发展面临西北地区"多煤缺水"和东南地区"多水少煤"的尴尬困局。

在煤炭开发利用西移的过程中，水资源制约以及由此带来的生态环境问题将愈加突出，矿区建设普遍面临水资源不足问题。煤炭转化利用涉及的水权配置、地下水开采等矛盾日益加剧。我国煤炭、煤电、现代煤化工等大型煤基能源基地的供水来源复杂，主要以抽取地下水资源、矿井水综合利用和水权置换等获取资源为主；但随着煤炭资源的大规模开发与利用，水资源供需缺口逐步加大。由于水资源不足和客观的脆弱自然生态环境，生态环境保护面临巨大挑战，中西部煤炭资源可持续开发利用和区域生态安全也将受到较大影响，煤化工产业最大的挑战也在于此。

煤化工是以煤为主要原料，一般是在水（包括本身含有的水）的参与下，通过化学反应过程，将其转变为气体、液体、固体燃料及化学品的过程。按照反应温度的高低，煤化工过程一般包括煤液化（450~500℃）、煤热解（600~800℃）、煤焦化（约1100℃）、煤气化（1200℃以上）等主要过程。现代煤化工一般主要是指基于新型加压煤气化生产气液燃料和化学品的过程。煤气化反应获得的气体产物经过分离、变换调整碳氢比例、气体中微量毒物的脱除净化等一系列过程获得洁净的合成气，合成气进一步合成后，经过一系列分离、分馏和提纯，得到所需的目标产物。煤化工过程主要反应的液体产物也需要一系列的分离、分馏、提纯，甚至是进一步的化学反应处理，得到所需要的目标产物。

在现代煤化工的主要反应过程中，煤炭自身含有的部分水分将成为反应原料之一，在气化、变换、部分分离、部分反应等单元需要补充水时参与反应；在各个反应单元本身、过渡到下一个工段时，需要进行热物料的冷却和提温，这就需要大量的循环冷却水和蒸汽；同时，煤炭转化过程中合成单元生成外排工艺废水，其他单元也会产生一部分污水。因此，煤化工过程实际也是水系统反应、循环和排放的集成过程，对新鲜水、循环水、废污水的优化研究是煤化工产业不断发展的基础，也是煤化工项目不断提高技术经济性的重要手段。

一般情况下，我们把煤化工用水分为如下几大类。

一是工艺水，即作为工艺原料的用水，也就是水直接参与反应单元、水蒸气变换单元、部分参与反应单元的用水，一般以除盐水、蒸汽等方式参与工艺反应过程，也包括反应生成的水。

二是循环热水，即作为加热或移热介质，参与煤化工各单元及单元之间加热和冷却过程的环热用水，主要包括加热蒸汽和循环冷却水。

三是动力用水，即以蒸汽力驱动机泵，推进工艺过程工质的流动循环。

四是废水（污水），即煤炭转化过程中生成和工艺单元、生活单元产生的需要对外排放的需进一步处理的水。

五是其他用水，包括生产消防用水、系统滴漏损耗水等。

目前，现代煤化工单位产品水耗大，万元增加值水耗低于工业行业平均水平。因原料禀赋特征，现代煤化工的单位产品水耗较高，规模体量较大，百万吨级煤制油项目的水耗约 600 万吨/年，配建百万吨级乙烯的千万吨级炼油化工一体化项目的水耗约 2000 万吨/年。以某煤化工项目为例，烯烃合成及上游的耗水占比约 40%，而下游加工占比高达 60%；横向对比来看，现代煤化工下游加工与石油炼化有诸多类似之处，主要都处于单相理化处理过程，在水耗上也基本相当。

以 2014 年物价为基准，现代煤化工各工艺路线的万元工业增加值水耗相对不高。煤制油和煤制烯烃分别为 17m^3/万元、62.3m^3/万元，均低于全国工业 68.2m^3/万元的平均水平，更远低于电力及热力行业 214m^3/万元的平均水平，但高于石化行业 9.8m^3/万元的平均水平。万元工业增加值的水耗是基于不同行业的工业增加值以及工业水耗等综合测算得到的，具体如图 3.3 所示。整体来说，在国民经济贡献方面，现代煤化工的万元工业增加值水耗并不高。

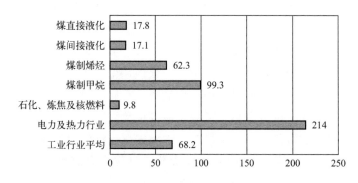

图 3.3　现代煤化工项目万元工业增加值用水量

"十一五"和"十二五"时期建成的现代煤化工示范项目，其主要的示范任务是验证工艺流程，项目单位水耗普遍较高。随着煤炭深加工示范项目在建成稳定运行后，陆续进入优化完善阶段，围绕如何降低煤炭深加工项目单位水耗，项目单位与研究院所、设计院不断攻关，在公用工程、生产辅助工程、水系统优化

煤化工行业
绿色工厂创建与评价

方面的管理水平逐步提高，项目的单位水耗大幅度下降。

在国家政策的严格要求下，新建项目采用消雾技术、部分循环水闭路循环、工艺匹配优化等大量先进节水技术，项目单位产品水耗进一步降低，如在建的百万吨级煤间接液化示范工程的水耗将从 16t 降至 6～7t，新建烯烃项目（如神华包头烯烃二期）产品水耗可降低 14t 左右。因此，对煤化工水系统过程不断进行优化开发、持续降低水的消耗是煤化工技术发展和产业升级的重要方向。要做好煤化工项目节水工作，需要从多层次、多角度就水系统进行分析、研究、规划和设计，技术应用与科学管理并重，才能实现煤化工的可持续发展。

3.4.4　煤化工项目节水探讨

随着国内煤化工技术的逐渐成熟，煤化工成为提高煤炭附加值及转化煤炭产能的有效途径。此外，由于煤化工耗水量巨大，且中国的煤炭、煤化工产业与水资源呈逆向分布，因此水资源成为制约发展煤化工产业的关键性因素。节水对于大型煤化工项目是一个必须面对和急需解决的问题。

3.4.4.1　国内外煤化工节水研究及应用

随着国内工业的快速发展，煤化工企业用水需求快速增长，水资源与煤化工快速发展的矛盾日益突显。节水减排及提高水的综合利用效率越来越受国内外工业界的重视，节水减排研究方法已经取得较大的成果，并逐步应用于煤化工实践。

（1）节水理论的研究

① 水量平衡测试理论。

水量平衡测试技术是一种在现状调查的基础上利用理论分析手段指导用水装置节水的方法。该理论通过对煤化工工厂各用水装置做水量平衡测试，分析取水量、补充水量、复用水量、排水量、耗水量及渗漏水量之间的关系，绘制水量平衡图。通过水量平衡分析，制定合理的节水方案。水量平衡测试是加强煤化工企业用水管理行之有效的方法，但该理论仅限于单元装置节水研究，缺乏对整个工厂用水系统的整体研究。

② 数学优化分配理论。

水的数学优化分配研究始于 20 世纪 80 年代，最初只针对简单的单杂质系统。随着煤化工需求的加强，数学优化分配理论得到较大发展。该理论通过定义的约束条件，使得装置或系统所需新鲜水量最小，以此为目标函数对整个用水系统进行非线性回归。其主要内容是：构造模型，定义约束条件，建立数学模型，形成非线性方程组，最后通过数学软件得到最优化用水系统。该理论主要针对多杂质和特殊模型的用水系统问题，其中超结构模型研究较多，其缺陷在于模型结构过于复杂。

③ 水夹点理论。

在系统热能回收的热夹点技术上，1994 年曼彻斯特大学学者 Wang 等提出了水夹点理论。该理论通过构造水的浓度组合曲线找出水夹点，计算新鲜水最小消耗量和废水的最小产生量。根据系统所需的工艺水质和水量情况，通过对部分用水进行一水多用、循环复用、串联使用或加水稀释后再用等措施，对过程用水进行重新分配和合理规划，从而实现整个系统新鲜水消耗量最小和废水产生量最少。水夹点技术侧重于整个系统的用水分配优化，使整个用水系统的新鲜水用量和废水排放量达到最小化。但其缺陷是难以获得相关极限数据，只可作为一种节水思路来借鉴，工程应用难度较大[8]。

（2）系统集成优化法在煤化工中的应用

为了达到节水减排的最佳效果，通常采用水平衡测试、水系统集成优化和污水深度处理回用三步骤。"水系统集成优化"这一环节，合理的回用措施、冷凝水回收系统及循环冷却水系统的优化是主要内容。

目前，国内外水系统集成优化设计方法众多，而水夹点法和传统数学规划法是水系统集成优化中最基本的两种设计方法，也是新方法开发的基础[9]。具体内容参见表 3.2。

◆ 表 3.2　几种常用优化方法的对比结果

方法	优点	缺点
水夹点法	形象，直观，物理意义明确，除了能够确定最小新鲜水流目标并建立相应水网络外，还为创造进一步新鲜水节约和废水最小化提供了指导。针对单杂质用水网络，可以求得满意解	由于二维图形的限制，使其在解决多杂质水系统集成问题上存在困难，并且无法解决与水质、水量无关的目标或约束，设计过程中主要凭借设计者经验，结果的可靠性不高
传统数学规划法	可用于具有多杂质的复杂系统，而且可以通过设定不同的目标函数及约束条件，使用水网络具有所期望的性质。可借助计算机进行运算，求解迅速	由于数学规划法求解过程为黑箱模型，不直观，物理意义不明确，求解依赖于初值的选取，不同的初值对应不同的最优解，使用者难以控制优化网络的生成
中间水道技术	简化了网络的设计、运行和控制；通过增加中间水道来提高网络的柔性；能够手工计算，不受求解规模的限制；求解简单，易于操作	针对小规模用水网络，此种方法得到的效果不如常规用水网络，往往不能得到全局最优解

続表

方法	优点	缺点
传统数学规划法与现代算法结合	在单杂质用水网络和多杂质用水网络中均可应用；在建立的数学模型中，可加入管路数量约束，以便得到最好的结果；最优结果不依赖于初值的选取；可借助计算机进行运算，求解迅速	设计优化程序时较难，需要控制的运行参数较多

3.4.4.2 煤化工行业循环水系统节水

现代大型煤化工项目主要以煤气化工艺为龙头生产合成气，通过变换、净化等工序后进一步合成下游产品。此类项目用水点主要包括冷却水系统补充水，除盐水补充水及工艺用新鲜水。以煤制 200 万吨/年甲醇、煤制 70 万吨/年烯烃为例，新鲜用水中生活及杂用用水约占 3%，冷却补水约占 25%，除盐补水约占 55%，工艺用水约占 20%，从新鲜用水量分配来看，除盐水补水所占的比例较大，其次是冷却水补水和工艺用水。以中国神华煤制油化工有限公司北京工程分公司为例，表 3.3 和表 3.4 反映了神华煤化工工厂用水分布情况。

通过上述数据可知，在全厂生产过程中，新鲜水量的消耗在总用水量中所占比例较低，新鲜水主要作为循环冷却水系统及脱盐水工段的补水和工艺用水。所以，节水的重点还需要放在循环冷却水系统、制水系统以及工艺生产过程。

◆ 表 3.3　神华煤化工全厂循环冷却水量分布情况　　　　　单位：m^3/h

空分	气化	变换	净化	动力	硫回收	合计
24300	12300	1600	2300	4710	760	
甲醇合成	**MTO**	**烯烃分离**	**PE**	**PP**	**烯烃转化**	74292
5000	2500	10620	3420	5602	1180	

◆ 表 3.4　神华煤化工全厂用水供应

序号	名称	年总耗/万吨
1	工业用水总量	953.6
1.1	新鲜水	684.8
1.2	回用达标污水	260
1.3	生活水	8.8

（1）煤化工工厂传统开式循环水系统存在的问题

由于开式循环冷却水系统中循环水在敞开的凉水塔内流动，会产生多种不利结果。

① 冷却塔内循环水与空气接触，溶解了空气中大量的氧气至饱和状态。

② 循环水与空气接触，外界的灰尘、泥沙及微生物等杂质会进入循环水并富集，最终在系统内沉积形成泥垢。

③ 水在凉水塔内与空气换热，会产生大量蒸发损耗，因水蒸发损耗的增加导致的盐分浓度升高会增大盐类物质在换热部位结垢析出的趋势。

④ 循环水中的溶解氧、盐和污泥杂质会对循环水系统管道设备形成电化学腐蚀、垢下腐蚀等损坏。

⑤ 各种沉积物会使换热设备的阻力降增大，导致输送设备的能耗大幅增加，同时显著降低了换热设备的传热效率，造成企业运行成本增加及管道设备的加速老化。

（2）闭式循环水系统的优势

闭式循环水系统由于不接触空气，可解决循环水对设备及管道的腐蚀问题，并减少结垢问题，有效提高换热设备的换热效率并节省维修费用。对于煤化工企业来说，采用闭式循环水系统具有如下优势。

① 闭式系统的喷淋水量较小，仅为开式循环水量的 1/5 至 1/3，且在气温低于 15℃时可以停用喷淋水，可大大减少蒸发水耗。系统排污量比开式系统大大降低，节水效果显著。

② 闭式循环冷却水系统，循环水压损很小，系统循环只需循环泵增加部分压头即可，可大大降低循环能耗。

③ 闭式循环系统只需处理喷淋水，可大大降低循环水处理量，降低管理成本和药剂成本。

闭式水循环系统如图 3.4 所示。

（3）空冷技术

空冷是利用环境空气对工艺流体进行冷却（冷凝）的工业用热交换设备。空冷系统相对于循环水冷却系统，具有节水效果好、介质来源广泛、运行维护费用低等优势。目前空冷技术按照热交换介质的接触方式分为直接空冷及间接空冷：间接空冷包括采用混合式凝汽器的间接空冷系统和采用表面式凝汽器的间接空冷系统；直接空冷由于空气比热小，通常不能把工艺流体冷却到环境温度，并且受环境温度、地形及周边建筑物分布等因素的影响大，应用受到一定的限制。间接空冷结合了直接空冷与水冷的特点，大大改善了使用效果。

大型煤化工项目中，空冷工段主要设置在大型蒸汽透平设备的冷却及工艺流

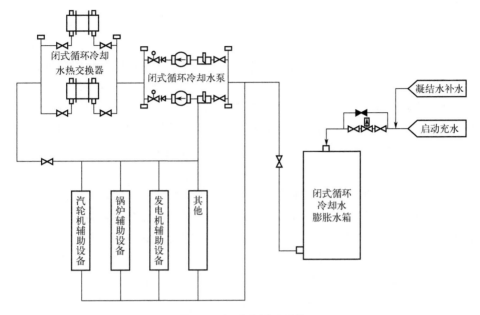

图 3.4　闭式水循环系统

体的冷却。由于工艺过程对流体温度的要求较高,通常工艺流体的冷却采用间接空冷的方式。目前空冷技术发展较为成熟,主要应用领域为电站锅炉系统,在大型煤化工项目中的应用才开始逐步推广,特别是间接空冷技术在大型煤化工项目中的应用更少。目前国内一些公司开发的闭式水膜循环空冷技术在间接空冷的基本原理基础之上,结合煤化工工艺装置的特点进行了优化,在部分煤化工项目中得到了应用。

3.4.4.3　开发节水型工艺

开发节水型生产工业是发展煤化工工业的当务之急。我国"十三五"期间就出现了"煤化工热",富含煤炭的地区(如山西、陕西、内蒙古、新疆等)为了提高煤炭资源的附加值,要求资源占有企业实施煤炭开采就地转化,以获得最大附加值。目前,全国 3000 万吨以上的大型煤炭企业几乎都涉及煤化工工业,出现"逢煤必化"的高潮。应该清醒地认识到,煤化工是一种高能耗、高水耗、高 CO_2 排放的行业。"十四五"为煤化工企业提出了明确的要求,对煤化工用水指标做出了明确规定。在"量水而行"的原则下,煤化工项目如何拿到水资源指标就成为首要问题,因此开发节水型煤化工工艺是解决煤化工企业用水问题的重要课题。

3.4.5　节水优先，强化水资源管理

党的二十大明确指出，我们要推进美丽中国建设，坚持山水林田湖草沙一体化保护和系统治理，统筹产业结构调整、污染治理、生态保护，应对气候变化，协同推进降碳、减污、扩绿、增长，推进生态优先、节约集约、绿色低碳发展。国务院对实施国家节水行动、统筹山水林田湖草沙系统治理、加强水利基础设施网络建设等提出明确要求，进一步深化了水利工作的内涵，指明了水利发展方向。

在这样的情势下，煤化工企业更应该把坚持节水优先、强化水资源管理贯穿于工厂管理的全过程，以水资源的可持续利用促进经济社会的可持续发展，为建设美丽中国、实现"两个一百年"奋斗目标奠定坚实基础。

一是把节约用水作为煤化工企业的准则，实施国家节水行动，全面提升水资源利用效率和效益。深入贯彻"节水优先"方针，完善节水制度标准，加强企业内部节水宣传教育，强化节水监督管理。建立节水标准定额编制工作机制，推动不同部门节水标准制定工作，动态修订节水标准定额，严格标准定额的应用。建立节水评价机制。为整个行业树立一个标杆，开展水利行业节水机关建设，带动全社会节水。

二是处理好水与经济社会发展的关系，落实以水定需，严格控制水资源开发利用上限。坚持以水定城、以水定地、以水定人、以水定产，发挥水资源的刚性约束作用，抑制不合理用水需求，倒逼发展规模、发展结构、发展布局优化，推动经济社会发展与水资源环境承载能力相适应。制定规划水资源论证管理办法，推进重大规划和产业布局水资源论证，严格实行流域区域用水总量控制和取水许可限批政策，对达到或超过水资源承载能力的流域区域，实施取水许可限批，促进实现水资源的动态监管。

三是处理好水与生态系统中其他要素的关系，统筹推进水生态治理与修复，在用水和排水上加大监管力度。坚持山水林田湖草沙系统治理，把治水与治山、治林、治田、治湖、治草、治沙结合起来，促进生态系统各要素和谐共生。

四是完善煤化工企业节水管理制度，并加强节水管理监督机制，加强用水的计量与考核，严格控制各装置的用水指标。强化节水思想，牢固树立节水观念，使节水管理渗透到生产的每一个环节。对水汽输送环节、制水环节、工艺水环节、循环水环节、蒸汽及冷凝液环节、生活水环节和污水回用环节提高管理，杜绝跑冒滴漏，防止水资源无谓损失。提高装置运行操作水平和循环水浓缩倍数，使循环水高效运行，防止循环水低效率运转[10]。

参考文献

[1] 刘满芝，张琳琳，温纪新. 双碳背景下减排政策对煤炭行业发展的影响及启示 [J]. 煤炭经济研究，2021，41（7）：21-26.

[2] 沙之杰. 低碳经济背景下的中国节能减排发展研究 [D]. 成都：西南财经大学，2011.

[3] 刘峰，曹文君. 煤炭工业节约资源能源与减排 [J]. 矿产保护与利用，2009（1）：23-29.

[4] 煤炭工业节能减排工作意见 [J]. 中国煤炭工业，2007（9）：8-10.

[5] 张军. 现代煤化工水系统特性分析及优化研究 [D]. 徐州：中国矿业大学，2019.

[6] 李雪松. 中国水资源制度研究 [D]. 武汉：武汉大学，2005.

[7] 周琳，李勇. 我国的水污染现状与水环境管理策略研究 [J]. 环境与发展，2018，30（4）：51-52.

[8] 王德海. 大型煤化工项目节水探讨 [J]. 化工管理，2017（25）：118-121.

[9] 周清. 典型煤化工装置水资源利用优化研究 [D]. 上海：华东理工大学，2013.

[10] 鄂竟平. 坚持节水优先，强化水资源管理 [N]. 人民日报，2019-03-22（12）.

煤化工企业资源综合利用

4.1 煤化工企业资源综合利用介绍

4.1.1 资源综合利用概况

随着中国经济增长方式的转变，煤化工产业发展问题突显，煤化工的发展与国民经济和自然环境都息息相关，如何更好地利用能源成为人们不得不思考的重要问题。煤化工产业发展的关键是要加快推进技术进步，随着我国对煤炭等重要能源科技发展的高度重视，我国的煤化工资源综合利用技术与发达国家的差距进一步缩小。提高煤炭资源利用效率，推广少污染的煤炭开采技术和清洁煤技术以及加强矿产资源保护等是煤炭产业可持续发展的必经之路。

社会科技在进步，煤炭的开采技术、设备也有了很大变化，采煤的机械化程度进一步提高，煤炭的综合利用技术也有了新的进步，特别是特殊凿井、"三下"采煤等许多技术达到国际先进水平。开展煤炭资源综合利用能够提高煤炭资源利用效率，拓展产业面，拉长煤炭产业链，减少污染。发展清洁能源，促进煤炭产业走循环经济之路，从而实现可持续发展。

按照传统狭义定义，煤炭行业资源综合利用情况分析，主要聚焦于煤矸石、矿井水、煤矿瓦斯和煤系共伴生矿物的综合利用。经过多年的发展，截至"十三五"末，煤炭行业的资源综合利用产业发展取得了积极的成效，无论是产业规模和体量，还是技术和装备水平等方面，都取得了积极进步。煤矸石资源综合利用率由 2010 年的 61% 增长至 2020 年的 72.2%，矿井水利用率由 2010 年的 52.9% 增长至 2020 年的 78.7%，地面煤层气抽采量由 2010 年的 14.5 亿 m^3 增至 2020 年的 85.5 亿 m^3，井下瓦斯抽采利用量由 25 亿 m^3 增至 2020 年的 57.4 亿 m^3。相关情况如图 4.1～图 4.3 所示。

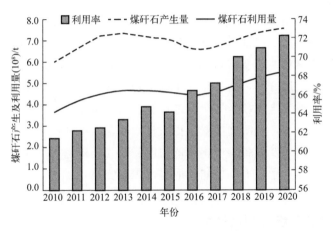

图 4.1　煤矸石资源综合利用情况

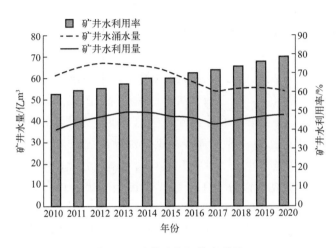

图 4.2　矿井水资源综合利用

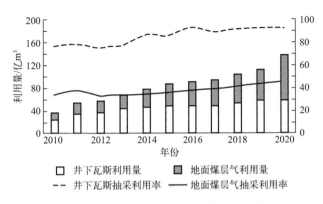

图 4.3　地面煤层气和井下瓦斯抽采利用情况

从资源综合利用技术的发展和装备水平方面看,在煤矸石资源化利用方面,煤矸石井下充填开采、深部采选充一体化矿井协同开采技术、煤矸石路基材料、煤矸石相变蓄热材料、矿质有机肥、煤基储能材料等技术研发和应用逐步兴起;在矿井水处理与利用方面,高矿化度矿井水处理技术、含特殊组分矿井水精准处理技术、矿井水井下直滤技术等研发进程和应用示范步伐加快;在煤层气(煤矿瓦斯)抽采利用方面,低浓度煤层气提浓技术、常温中低压瓦斯液化技术、热电冷联供瓦斯发电技术及设备国产化、低浓度瓦斯安全输送与利用技术、乏风瓦斯蓄热氧化技术等在"十三五"期间也取得了积极突破[1]。

4.1.2 煤炭资源综合利用技术

(1) 煤炭加工综合利用技术

主要包括以下几种:煤炭洗选、型煤、配煤、水煤浆技术、煤气化、煤液化和煤焦化。

① 煤炭洗选。煤炭洗选是最为常见的加工技术。通过对煤炭的洗选,提升煤炭的质量。通常情况下,洗选的方法有机械选煤、人工选煤、微生物选煤和物理化学选煤等方法,主要目的在于清除煤中的杂质,提升煤的清洁度和质量。

② 型煤。型煤是指将一种或者多种煤添加黏结固硫剂加工而成的燃料或者原料。同样地,型煤技术也是一种提升煤炭利用率的方式,可以有效减少煤炭燃烧对环境的污染。型煤可以分为工业型煤和民用型煤,相较于散煤,型煤的烟尘、二氧化碳、二氧化硫的排放量都降低很多。

③ 配煤。配煤是通过一定比例的掺配而形成的混合煤,属于人为加工的煤种。通常情况下,根据不同煤存在的性质差异,人们可以采取掺配的方式,取长补短,充分利用资源,减少污染物的排放。

④ 水煤浆技术。水煤浆技术是 20 世纪 70 年代推出的,将燃煤液化,用其替代燃油,已经用于商业领域。水煤浆燃烧效率高,含硫量低,相较于燃煤和燃油,二氧化硫的排放量降低很多。

⑤ 煤气化。煤气化是针对煤燃烧污染空气而发展的新技术。煤气化技术目的在于减少煤燃烧产生的大气污染,以此提升煤的利用率和经济效益。煤气化技术可以生产出合成气,将其用于发电、民用燃气、化工品生产等。

⑥ 煤液化。煤液化是指通过加工将煤转换为液体,可以分为直接液化技术和间接液化技术。煤液化后,人们可以得到液化油和煤气。该项技术有着重要的战略意义,产品可以用作石油的替代品。

⑦ 煤焦化。煤焦化也就是对煤进行高温干馏,在真空条件下将煤进行加热

煤化工行业
绿色工厂创建与评价

（温度保持在950℃左右），产生焦炭、煤气、煤焦油等。焦炭可以用于炼铁，也可以用于制造电极、电石。煤焦油含有许多化工原料，可以用于染料、医药、炸药和农药等行业。高温干馏技术可以减少燃煤对环境的污染。

（2）煤炭开采过程以及废弃物的综合利用

煤炭开采过程中同样存在许多可以利用的资源，包括煤层气、煤矸石、矿井水等资源的利用。煤炭在使用过程中产生的废弃物也可以进行综合利用，如煤渣、煤灰。

① 煤层气的利用。

煤层气又被称为瓦斯，是一种易燃易爆的气体，对煤炭资源开发构成极大威胁。现阶段，国内对于煤层气的回收利用相对较少，大多将其用于发电、汽车或者民用方面，工业领域的应用较少。煤层气可以替代天然气，从能源发展战略来看，开发和利用煤层气势在必行。从环保角度分析，煤层气属于温室气体的一种，直接排放的煤层气带来的温室效应是二氧化碳的20～25倍，损害臭氧层的程度是二氧化碳的7倍，而对煤层气进行开发利用，可以降低CH_4的排放，相较于石油和煤炭，燃烧时其二氧化碳产生量较少，可以一定程度上减少对环境的污染，进而保护环境。从经济效益来看，煤层气的开发利用不仅可以减少瓦斯爆炸带来的经济损失，而且可以发展新产业，将煤层气转换为经济效益。

② 煤矸石的利用。

煤矸石同样属于煤炭资源的废弃物，人们可以将其充分利用，实现废弃物的重新回收利用。据相关资料统计，每开采1亿吨煤矿，会产生1400万吨煤矸石；每加工1亿吨焦煤，会产生2000万吨煤矸石；每洗1亿吨动力煤，会产生1500万吨煤矸石。由此可以看出，煤炭开采、加工期间会产生许多煤矸石，将其作为废弃物直接丢掉，会给环境带来污染，有必要对其进行回收利用。煤矸石可以用于多个领域，它是一种很好的资源：煤矸石可用于填充塌陷区，实现土地资源的再生；煤矸石燃烧废弃物，可用于改良土壤；煤矸石可以制砖，替代水泥，用于建筑领域；煤矸石可以用于公路路基建设，也可以用于填平路坑等；煤矸石可以提炼出铝和其他金属；煤矸石可以用于发电等。

③ 矿井水的利用。

在开采和加工过程中，煤矿需要使用大量的水进行降温、冲洗，这些水被称为矿井水。通常矿井水会被直接排放，不仅浪费水资源，而且对地下水造成污染。据资料统计，重点煤矿的矿井水排放量每年超过12亿吨，每开采1吨原煤，就产生0.6吨废水。因此，人们可以运用污水处理技术，实现矿井水的中水回用。处理后的矿井水可以用于多个领域：二次用于煤炭的洗选与加工，重复利用；用作生活用水，如绿化用水或者盥洗用水；用作工业用水，如冷却水、锅炉水；用作农业用水，如水产养殖、农业灌溉；用作生态补给水，如补给河流、湖泊等。

④ 煤灰与煤渣的利用。

燃煤用于工业发电会产生许多固体废物，其中煤灰和煤渣是常见的废弃物，这些废弃物同样可以回收利用。在欧美国家，一些大型电厂已经实现了烟气净化、干灰调湿、灰渣干排的操作，既实现了清洁发电，又实现了煤灰、煤渣的回收利用。煤灰和煤渣通过回收可以用于以下领域：热量回收，回收煤灰、煤渣中的热能；井下注浆，用于填充塌陷区；用作水泥的掺加料；制造建筑用砖；用于铺路；用于化肥等。

⑤ 煤炭共生、伴生物的利用。

煤炭并非单独存在，而是有许多共生和伴生物的，它们也是重要的资源，人们可以将其开发和利用。现阶段，人们对于这些共生物、伴生物缺乏利用意识。但是随着经济发展，非金属矿产资源的需求量持续增长，因此开发和利用煤炭共生物、伴生物资源便显得很有必要。煤炭资源的共生物、伴生物有耐火黏土、高岭土、膨胀性黏土、硅藻土、高铝黏土、石英石墨和硫铁矿等。部分矿产的分布广，品位高，有着很好的工业利用价值，如铝土矿是炼铝的重要原料，其在煤层中十分常见[2]。

4.1.3 煤炭资源综合利用循环经济模式

（1）多产业联合的煤炭资源综合利用循环经济模式

煤炭资源综合利用循环经济发展产业链主要由煤炭采掘、煤炭洗选、煤炭化工（煤炭的焦化、液化、气化等）、矸石电厂或瓦斯电厂、建材厂等组成。图4.4为煤炭资源综合利用循环经济模式示意图，煤炭采掘是最初环节，开采过程产生的煤层气可用于瓦斯发电或居民生活用气，矿井水经水处理后可回用，用于生活水或工业用水；煤矿开采出的原煤经煤炭洗选，选出精煤用于煤炭的焦化、液化、气化等，中煤、矸石等用于煤矸石电厂发电，选煤用水采用处理后的中水；电厂产生的炉渣等废物用于建材生产。形成了一个闭合的、可循环的经济产业框架。

（2）新型煤化工煤合成油的工艺流程

图4.5是新型煤化工煤合成油的工艺流程示意图。煤炭经过气化后产生粗煤气和煤气水，煤气水经污水处理厂处理合格后回用于厂区的工业用水，产生的粗煤气在净化过程中脱除杂质，回收杂质中的硫等，煤气中的甲烷用于生产尿素等化工产品，剩余的气体用于合成油，反应剩余的尾气用于发电。整个过程实现了一个闭合的循环，使煤炭达到最大限度的利用[3]。

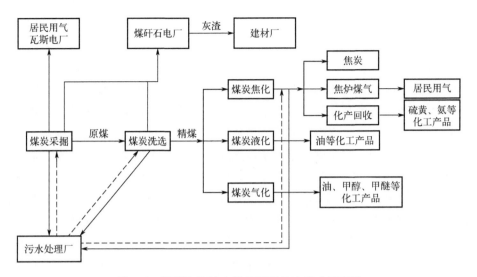

图 4.4　煤炭资源综合利用循环经济模式示意图

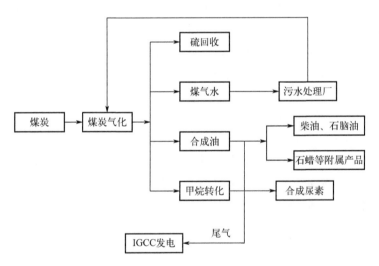

图 4.5　新型煤化工煤合成油工艺流程示意图

4.2　煤化工废水及其金属的回收利用

4.2.1　废水的产生

　　煤化工是指以煤为原料，经化学加工使煤转化为气体、液体和固体燃料以及化学品的过程。煤化工主要包括传统型与现代型两种：传统煤化工涉及煤焦化、煤电石等领域；现代煤化工主要是通过气化、液化等方式将煤炭转变为化工产品。煤化工生产过程中会产生大量的废水，如煤液化废水、煤气化废水等，只有做好废水处理工作，才能减少对生态环境的破坏，并实现水资源的重复利用。

煤化工废水指的是在煤直接发生液化、气化以及炼焦等生产工艺流程中所产生的一些废水，通常包含净化废水、循环排污水和回用流程中所形成的浓盐水和气化废水等。其中，气化废水是水质最为复杂，且含量最多的一种废水，同时处理难度也相对较大。其通常的特点是含有较多的有害有毒物质，且具有高氨和高酚的特点，COD 的波动范围通常比较大，碎煤加压气化废水中 COD 物质相应的波动范围会高出 3 倍，煤直接液化废水 COD 相应的波动范围某些情况下还会高出 10 倍。煤化工项目通常具有较大的耗水量，通常的水装置、气化与空分装置具有比较大的规模，对应的蒸汽与循环用水量比较大。对煤制天然气工程项目而言，每生产天然气 $1000Nm^3$ 通常消耗新鲜水 6～8 吨，煤制烯烃工程项目中，生产 1 吨烯烃消耗新鲜水量高达 27～30 吨。一个比较典型的 300 万吨/年焦化工程，一年中的耗水量超出 300 万吨，产生废水量 100 万吨以上。如此大的废水量若是排放进入环境中，污染水体会给生态环境造成严重的威胁，同时也会造成污水处理厂所属区域范围水环境的恶化以及水资源的短缺[1]。

4.2.2　废水的类型及特点

煤化工生产包括诸多环节，如液化、气化、洗涤、冷凝以及分馏等，这些环节中会产生一些废水[4]。煤化工废水主要包括含盐废水与有机废水两种：含盐废水包括脱盐水系统排放的污水和循环水系统排放的污水等；有机废水包括煤气化产生的废水、生活污水、化工综合废水等。

含盐废水的特点：工业排放的煤化工含盐废水中的盐含量达到 1.0%，可以被称为高含盐废水。生活污水中含盐废水盐含量很少达到如此高，因此对高盐污水的处理重点主要集中在对工业废水的处理上。高含盐废水中含有较高的无机盐离子和其他无机物质，高含盐量不仅对水质是一种污染，还会给其他细菌的滋生提供有利条件。如果采用传统的生化处理法进行废水的处理，直接排放含盐废水，容易污染海洋河流，破坏水下的生态系统，对周围的土地和树木也会造成一定的威胁。因此，对高含盐废水中的成分进行分析是废水处理的第一步。此外，水体富营养化的重要原因是氮元素增多，因此必须找到成本低、起效快的消除水中氮元素的方法，来缓解污水中能量不平衡的问题。目前，我国关于含盐废水处理的标准如表 4.1 所示。

◆ 表 4.1 含盐废水处理标准 单位：mg/L

序号	项目	排放标准
1	COD	50
2	NH_3 NH_4^+	5
3	TSS	50
4	P	0.5
5	H_3PO_4	5

有机废水的特点：有机废水在煤化工废水中占比较大，且有机废水当中含有大量的有机物、无机盐、氨氮，降解难度非常大。同时，不同的气化工艺所产生的废水在水质方面有较大的差异。

煤化工过程中，重度污染的有机废水以煤焦化和煤气化过程产生的含酚废水为主。酚类污染物属于极性、可离子化、弱酸性有机化合物，具有毒性大的特点。大量含酚废水的排放对水生生态系统造成明显的危害。生产焦炭、煤气所产生的废水含酚浓度高达 $2000 \sim 12000\text{mg/L}$。含酚废水中主要含有酚基化合物，如苯酚、甲酚、二甲酚和硝基甲酚等。酚为《污水综合排放标准》（GB 8978—1996）中规定的第二类污染物质，一、二级排放浓度为 0.5mg/L。

4.2.3 废水回用存在的问题

制约污水回用率提高的原因主要是污水深度处理回用技术不够成熟。随着工业的发展，节能减排政策逐步收紧，对煤化工企业的吨产品耗水指标要求越来越高，因此废水回用技术越来越受到重视。但从目前运行的情况来看，能够维持长周期稳定运行的情况较少，主要是因为膜容易被污染而失效。从实际工程应用来看，污水回用装置的投资大，投资回收期长，虽然社会效益好，但没有经济效益，运行稳定性还不能完全保证。所以从长远来看，想要实现污水回用的社会效益和经济效益，还需要不断提高装置的稳定性和降低投资成本。

4.2.4 废水的处理方法

4.2.4.1 利用反渗透设备进行煤化工含盐废水处理

反渗透原理即在进水（浓溶液）侧施加操作压力以克服自然渗透压[5]。

当高于自然渗透压的操作压力施加在浓溶液侧时，水分子自然渗透的流动方向就会逆转，进水（浓溶液）中的水分子部分通过膜，进入稀溶液侧的净化产水。反渗透设备原理是将不同浓度的溶液通过膜网，利用分隔技术进行过滤，半透膜的两侧分别是不同浓度的含盐污水[6]。反渗透设备的原理如图 4.6 所示。

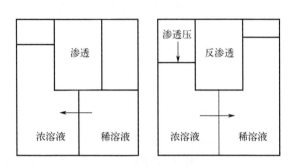

图 4.6　反渗透设备的原理

当溶液的盐浓度下降到一定程度时，两侧的溶液不再继续进行置换，此时的反渗透设备的压力称为渗透压。当渗透压继续增强时，溶液会发生反渗透现象，即水分子从盐水中进入了稀溶液中，盐留在了原本的地方，从而实现含盐废水的除盐处理。

4.2.4.2　利用气化工艺对煤化工中的有机废水进行处理

煤化工生产中解决含酚废水的途径：首先是积极推广清洁生产，即改革生产工艺，加强运行管理，尽量降低排出生产装置废水的酚浓度，或者将含酚废水循环利用，以减少废物量；其次是加强末端治理，含酚废水一旦排出装置，就要尽可能地回收利用再处理，做到达标排放。

一般来讲，含酚废水的处理方法主要有萃取法、汽提法、吸附法、液膜分离法、氧化法、生物处理法[7]等。

以煤化工中的气化工段为例，不同的气化工艺，废水水质不尽相同，表 4.2 列出了三种气化工艺的废水水质，可以看出，与固定床相比，流化床和气流床工艺的废水水质比较好。

◆ 表 4.2　三种气化工艺的废水水质

废水中杂质/（mg/L）	固定床	流化床	气流床
苯酚	1500～2500	20	<10
氨	3500～9000	9000	1300～2700
焦油	<500	10～20	无

废水中杂质/（mg/L）	固定床	流化床	气流床
甲酸化合物	无	无	100~1200
氢化物	1~40	5	10~30
COD	3500~23000	200~300	200~760

　　鲁奇炉属于传统的碎煤加压气化工艺，生产过程产生大量高浓度含酚废水，该工艺产生的废水是各种气化工艺中污染物浓度最高、最难处理的一类废水。该工艺产生的废水有有机废水、煤气净化废水和副产品回收废水等几股。国内外普遍采用化工分离流程与生化处理相结合的方式进行处理，典型的煤加压气化废水处理工艺流程见图4.7。

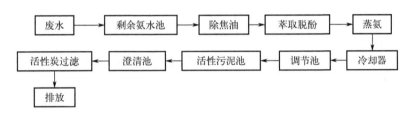

图 4.7　典型煤加压气化废水处理工艺流程

4.2.4.3　其他常见废水处理技术

　　① 常规超滤（UF）。该项工艺是当前大部分工程项目相应的反渗透预处理技术，但常规超滤处理技术针对 COD 物质在去除效果上十分有限，然而该项技术能够实现对水浊度的有效控制，使其保持在较低的水平。

　　② 纳滤。应用纳滤膜，能够实现对废水中含有的二价和高价离子的有效截留，但一价离子可以从中通过。正是由于纳滤膜所具有的这一特点，在高浓盐水分离处理中具有较为普遍的运用。纳滤这种反渗透处理技术在众多工程项目中都获得了广泛的应用，同超滤技术相比较，纳滤膜对 COD 物质的去除和浊度的降低具有更加明显的效果，对应的出水 COD 和浊度都要低于 60mg/L 和 1NTU。与此同时，纳滤膜的应用，也能够完成对水硬度的有效控制，使其保持在 80mg/L 之下，并且能够利用预脱盐降低废水的导电率，使其保持在 200μs/cm。

　　③ 振动膜技术（DM）。该项技术的基本原理是充分运用高频机械的振动，使其在膜片的表面形成正弦波，这样可以明显降低常规膜滤工艺处理技术存在的

膜堵塞和污染等众多方面的问题。当前该项技术运用在煤化工含盐水回用中一些比较典型的 40 亿立方米煤制气工程项目中，同时可以当作反渗透的后续深度脱除单元。

④ 分质分级回用。目前大部分煤化工工厂都将污水集中收集处理，部分中水进行回用。为了达成绿色工厂，我们应该放弃原来的污水回用及处理理念，对污水进行分质分级回用和处理。所谓分质分级回用，就是根据污水的水质进行分级，将过程中产生的污水不经过处理或者只进行部分处理消除影响因素后回用到过程中。这样可以大大降低污水处理系统的负荷，降低水处理系统的投资和运行费用，进而提高煤化工企业的用水效率。污水分质分级回用需要对污水系统整体进行规划和梳理，对各用水点对水质的需求进行综合全面的分析，在了解各用水点对水质的要求基础上进行合理的分级分配。

⑤ 外排废水的回用。煤化工企业传统的外排废水即便经过处理，还是会浪费很多的水。因此可以按污水水质的不同分为清净污水适度处理回用技术和达标排放污水的深度处理回用技术。达标排放污水的深度处理回用按处理后的水质又可分为制成中水（作为循环补水）和制成脱盐水（作为锅炉上水）。当外排污水水质较差时，通常要用膜分离法去除各种污染物，采用最多的是双膜法。即达标排放水经曝气生物滤池、多介质过滤、超滤和反渗透单元，最终出水作为循环水或者脱盐水。但是，超滤膜和反渗透膜对进水水质的要求都比较苛刻，为了稳定进水水质，不污染膜，通常都需要增加预处理单元。这种处理方式装置投资和运行费用较高，投资回收期也很长，但社会效益高。

这样，不仅对污水加大了监控力度，减少了污染，还能很大程度地增大外排废水回用的比例，进而实现绿色工厂的理念，达到节水目的。

4.2.5 废水金属处理技术

（1）预处理技术

① 除油法。不同项目中产生的废水中的浮油成分和含量有所不同，煤焦化、液化废水中含浮油量较多，气化产生废水中含油量较少，浮油主要来源于有机溶剂溶解苯酚类芳香族化合物。废水中浮油成分会对升华处理产生一定不利影响。对此，在预处理工作中应做好除油操作，采用隔油法、离心分离法等除油，也可将气浮法与隔油池结合起来，达到预曝气效果。

② 沉淀法。将废水中的悬浮物沉淀，待到固液分离后，将水中悬浮有机物去除。该法在预处理与深度处理中广泛应用，对于生化难度较大的煤制油废水，可将絮凝沉淀法应用到预处理环节中，降低后续生化处理产生的有机负荷，一般

将石灰与铁粉结合起来作为絮凝剂投入使用。该法在深度处理、预处理中得到了广泛应用，可使生化交叉的煤制油废水得到有效处理。中和沉淀法，在含有重金属的废水中加入碱中和剂，加快推动重金属与中和剂的融合反应，出现碳酸盐沉淀或氢氧化物沉淀，及时解决废水中的重金属问题。中和沉淀法主要用于处理酸碱废水和化工生产中残留的处理液，相比于其他方法来说，中和沉淀法相对简单，适用范围广。螯合沉淀法，一般是在自然条件下对重金属离子使用捕集沉淀剂，处理废水中存在的各种重金属阳离子，包括 Hg^{2+}、Cu^{2+}、Pb^{2+}、Mn^{2+}、Zn^{2+} 等。这些重金属离子在捕集沉淀剂的作用下，生成螯合物析出，完成去除重金属离子的目标。硫化物沉淀法，根据重金属元素的硫化物难溶于水这一特性，促使重金属离子生成硫化物，在废水中析出，去除废水中的重金属。其运行过程中需要将废水先调至碱性，并且要注意加入硫化钠或硫化钾的剂量。

（2）生化处理技术

① A/O工艺。A/O工艺自身已经是比较成熟的一种工艺技术，普遍运用于煤化工废水处理中，具体工程项目实施中，为了能够加强处理效果，通常会在A/O池之前进行水酸化工段的设置，一些企业亦会应用多级A/O工艺，实现对相应处理效果的加强。

② HCF＋A/O工艺。HCF指的是深层曝气池，在煤化工领域通常运用在碎煤加压气化炉废水等浓度较高的有机废水中，安排在A/O工艺前，实现对污染物的有效降解。

③ A2O工艺。这是一种厌氧-缺氧-好氧工艺技术，因为煤化工废水中的成分具有一定的复杂性，而且通常不会把磷当作其中的相关考核指标，所以煤化工废水当前采用的工艺大部分都是针对A2O工艺进行改进的技术，而过往采用的A2O工艺对高浓度有毒有机废水处理效能相对偏低。

④ SBR工艺。在煤化工产业中，该项工艺主要应用在气流床等工程项目废水处理中。因为进水氨氮值和COD都相对比较低，大部分状况下，经SBR工艺技术处理的废水，相应的出水氨氮值都保持在30mg/L以下，COD值都保持在150mg/L以下，但处理效果不是十分稳定。

（3）回用处理技术

① 离子交换法。目前比较常用的离子交换剂包括交换树脂和沸石。离子交换法的主要优势在于能够在较短时间内对重金属污水进行大规模处理，并且保障水资源质量的提高，这样可以方便重金属废水资源的回收和高效分解。当下的离子交换车载移动处理装置，主要依据厂区待处理废水的点状分布进行布置，这样能够高效地在源头进行重金属离子交换和废水收集，方便集中控制。离子交换法的缺点是，由于反应周期过长，将会直接造成废水的处理成本升高，想要进一步

提升重金属废水的处理性能，还需要降低废水处理成本。

② 膜分离技术。其原理是在具有过滤功能的膜的使用过程中，注意根据重金属离子的种类，分别将其中的离子过滤出来。膜分离技术在对重金属离子过滤的同时，应该注重电渗析、扩散渗析两种技术手段。首先，电渗析主要是为膜分离操作提供相应的电场，促使膜两侧的重金属离子的浓度产生偏差，这样就可以在使用直流电的情况下保障膜两侧的离子定向迁移。扩散渗析主要依靠膜两侧溶液的浓度差，进一步推动溶质定向扩散，这种条件下能够利用浓度、膜的物理和化学性质、原液的组成成分，进一步控制金属离子的回收。这种方法可以很大程度上直接推动阴阳离子的选择性透过被优化，同时也能分离废水中重金属的阴阳离子。技术核心相对于自然渗透，压力有更大的改变，可以对自然渗析的方向产生直接影响，加速溶液中的溶剂被压到半透膜的另一边，同时达到去除净化的效果。缺点是处理成本较高，难推广。尽管如此，废水回用的方法和物质回收的膜分离技术仍是目前比较全面、高效的水处理技术，在当下重金属废水的处理与利用中得到非常广泛的应用[8]。

（4）深度处理技术

① BAF工艺。曝气生物滤池处理技术（BAF）同时兼具物理截留和生物膜处理两种不同的功能。该项技术在深度处理段相关工程项目中具有较为普遍的应用。当前我国运行的典型煤化工废水处理工程项目中，大约60％采用了BAF技术，该技术为煤化工废水处理过程中比较主要的一个环节。为了获得更好的出水效果，通常情况下会在BAF后进行砂滤池截留悬浮物的设置，一些针对出水要求相对较高的企业还会在BAF以前进行生物脱氨环节的设置。该项技术实际应用中存在的问题是生物填料无法实现挂膜，也存在滤料流失等方面的问题。此外大部分的曝气生物滤池都存在曝气孔堵塞、促使曝气不十分均匀的问题。

② 活性炭吸附工艺。活性炭是一种多孔结构物质，其比表面积相对较大，具有较强的除色和吸附除浊效果，然而其需要较高的成本投入，这也促使该工程项目的推广应用受到一定的制约。据了解早期建设的设置有活性炭吸附工段的相关项目，其中部分活性炭柱依然跨越或是暂停投用，只是被当作异常出水状况下的紧急备用措施。为了有效规避活性炭堵塞情况的发生，通常在其之前进行多介质过滤和砂滤等相关设备的设置。然而因为当前的活性炭吸附工艺，并不存在脱氨等相关生物处理的功能，所以这一项工艺技术通常应用在废水原水水质相对较好，同时生化出水中只是浊度等相关指标不合格的一些特殊情况中。

③ LAB工艺。该项工艺是一种活性焦吸附工艺技术，其核心吸附剂活性焦是由褐煤制成的，相较于活性炭不但投入少，而且具有更好的吸附处理效果。该项工艺技术流程如下：生化出水在通过活性焦时进行吸附处理，然后进入两级

煤化工行业
绿色工厂创建与评价

BAF 中，再通过砂滤完成出水过程。

④ 臭氧＋BAF 工艺。在煤化工废水深度处理中，臭氧氧化是当前运用最为普遍的一种高级氧化技术。从理论层面上来讲，该工艺过程中生成的羟基自由基能够选择性地针对污染物使其彻底发生氧化，转变为水和二氧化碳，从而确保绿色、彻底地将污染物有效去除。然而因为氧利用效率等众多因素的限制，大多数的煤化工企业高级氧化 COD 物质相应的去除率都不足 50%。所以，当前的高级氧化工艺通常和生化工艺联合应用，也就是在高级氧化工艺后进行相应生化工艺的接入。上文所述工艺和 BAF 工艺是运用最为普遍的三级生化工艺，和臭氧氧化结合以后，便为"臭氧＋BAF"工艺技术。大量生产实践表明，该工艺具有一定的合理性，二级生化出水中含有的各种有机物质，通过臭氧氧化作用对其进行改性，也就是借助氧化作用促使部分难以降解和长链物质发生氧化，破碎成短链小分子，加强相应的生化性，之后通过 BAF 技术处理，实现对相关有机物的去除，从而达到废水的相关排放标准。

⑤ 臭氧＋A/O＋MBR 工艺。这种组合工艺处理技术起初以"臭氧＋MBR"的形式运用在 108 万吨煤制油工程项目相应的高浓度废水处理中。应用中发现 MBR 处理可以获得的生化效果无法实现对二级生化出水相关污染物的有效降解，新增的 A/O 池会加强脱氮与生物降解的效果。MBR 工艺具有较好的生化处理能力，同 BAF 相比较，可以实现固体和液体的有效分离，同时能够有效解决 BAF 滤料流失问题。相较于当前发展阶段，使用 MBR 取代 MAF 组合中相应的"臭氧＋MBR"工艺技术运用在煤化工废水的深度处理工作中，可以获取更加优质且稳定的出水效果。

⑥ 多效能脱酸脱氨。通过对煤化工废水中氨氮含量进行分析，可以看出此类物质的含量相对较高，若将其直接排到生化系统中，与生化系统的脱氮能力不相符合，甚至会超出生化系统的原始脱氮能力。此时，系统在出水过程中，氨氮污染物的总体浓度相对较高，会超出排放标准限值，并且会对周边的生态环境造成严重的破坏。使用脱酸脱氨工艺主要是为了能够对煤化工废水进行处理，并回收废水中的氨化合物，从而产生浓氨水，浓氨水的附加值相对较高，并且可以为后续的生物拓展处理操作做准备。多段式的脱酸脱氨工艺具有高效化的特点，将其与传统形式的处理工艺技术进行对比，可以看出前者在使用的过程中，实际的蒸汽消耗总量相对较低，在去除氨氮时的效率普遍较高。为此，可以针对高浓度的氨水予以全面回收和利用，将其应用于企业的氨法脱硫环节当中，或者可以将其作为 SCR 脱硝环节的原料使用。在使用多效能脱酸脱氨工艺的过程中，能够有效提高煤化工废水当中的氨氮去除率，在一般情况下，氨氮的去除率能够达到 90%～99%。

⑦ 温和高级氧化技术。在使用氧化剂的过程中，可以借助适宜的催化剂等物质，将两者进行全面混合，从而对催化剂造成刺激，使催化剂能够进一步生成 OH^- 等物质，并且能够针对污染物的分子结构予以充分破坏，实现对污染物的妥善处理，将其称为高级氧化技术。在借助生化处理操作之后，仍然残留了部分环链化合物等物质，且此类化合物难以得到充分降解。其中，稠环类污染物为环链化合物当中的主要类型，并且存在较高的生物毒性。在使用高级氧化技术时，能够产生 OH^- 等物质，针对难以降解的污染物予以逐步攻克，并且可以针对污染物的分子结构进行充分破坏，采取开环断链的形式，实现对污染物分子结构的完全矿化，同时可以将其转化为 H_2O 以及 CO_2 等[9]。

4.2.6　废水处理案例

(1) 云天化集团

项目名称：云天化集团呼伦贝尔金新化工有限公司煤化工水系统整体解决方案。

关键词：煤化工领域水系统整体解决方案典范。

项目简介：呼伦贝尔金新化工有限公司是云天化集团下属分公司，该项目位于呼伦贝尔大草原深处，当地政府要求此类化工项目的环保设施均须达到"零排放"的水准，同时此项目是亚洲首个采用 BCL 炉（BritishGas-Lurgi 英国燃气-鲁奇炉）煤制气生产合成氨、尿素的项目，生产过程中产生的废水成分复杂、污染程度高、处理难度大。此项目也成为国内煤化工领域水系统整体解决方案的典范。

项目规模：

煤气水：$80m^3/h$；污水：$100m^3/h$；

回用水：$500m^3/h$；除盐水：$540m^3/h$；

冷凝液：$100m^3/h$。

主要工艺：

煤气水：除油＋水解酸化＋SBR＋混凝沉淀＋BAF＋机械搅拌澄清池＋砂滤；

污水：气浮＋A/O；

除盐水：原水换热＋UF＋RO＋混床；

冷凝水：换热＋除铁过滤器＋混床；

回用水：澄清器＋多介质过滤＋超滤＋一级反渗透＋浓水反渗透。

技术亮点：

① 煤气化废水含大量油类，含量高达 500mg/L，以重油、轻油、乳化油等形式存在，项目中设置隔油和气浮单元去除油类，其中气浮采用纳米气泡技术，纳米级微小气泡直径 30～500nm，与传统溶气气浮相比，气泡数量更多，停留时间更长，气泡的利用率显著提升，因此大大提高了除油效果和处理效率。

② 煤气化废水特性为：高 COD、高酚、高盐，B/C 比值低，含大量难降解物质。采用水解酸化工艺，不产甲烷，利用水解酸化池中水解和产酸微生物，使污水在后续的生化处理单元能耗减少，在较短的停留时间内得到处理。

③ 煤气废水高氨氮，设置 SBR 可同时达到脱氮除碳的目的。

④ 双膜法在除盐水和回用水处理工艺上的成熟应用，可有效降低吨水酸碱消耗量，且操作方便。运行三年以后，目前的系统脱盐率仍可达到 98％。

（2）陕西煤业化工集团

项目名称：陕西煤化集团蒲城清洁能源化工有限责任公司水处理装置 EPC 项目。

关键词：新型煤化工领域合同额最大的水处理 EPC 项目。

项目简介：该项目位于陕西省渭南市蒲城县，采用的是德士吉气化炉和中国科学院大连化学物理研究所的 DMTO 二代烯烃制甲醇技术。因此废水主要以气化废水及 DMTO 装置排水为主，具有高氨氮、高硬度的特点。博天环境承接了该公司年产 180 万吨甲醇、70 万吨烯烃项目的污水装置、回用水装置和脱盐水装置，水处理 EPC 合同总额达到 5.09 亿元。

项目规模：

污水：1300m³/h；回用水：2400m³/h；

浓水处理系统：600m³/h；

脱盐水（一级脱盐水）：1600m³/h；

工艺凝液：600m³/h；透平凝液：1200m³/h。

主要工艺：

污水：调节＋混凝＋沉淀＋SBR；

回用水：BAF＋澄清＋活性砂滤＋双膜系统＋浓水 RO；

脱盐水：UF＋两级 RO＋混床；

浓水处理系统：异相催化氧化；

工艺凝液：过滤＋阳床＋混床；

透平凝液：过滤＋混床。

技术亮点：

① 污水系统将多级串联技术与 SBR 工艺相结合，将 SBR 反应工序以时间分隔为多次交替出现的缺氧、好氧转换阶段，这种环境下丝状菌导致的污泥膨胀会

被限制，污泥沉降率就会提高；同时，分隔出的各个反应段时长与微生物活性相契合，充分利用快速反硝化阶段，创造良好的生物环境，促使硝化与反硝化反应彻底进行，提高有机物去除效率，实现高氨氮污水污染物的达标处理。

② 浓水采用异相催化氧化处理技术，所用高活性异相催化填料与反应生成的 Fe^{3+} 生成 $FeOOH$ 异相结晶体，催化生成更多羟基自由基，具有极强的氧化能力，减少药剂投加量和污泥生成量。

（3）神华集团

项目名称：神华鄂尔多斯煤直接液化污水深度处理项目。

关键词：世界首个煤直接液化商业性建设项目。

项目简介：神华鄂尔多斯煤制油项目是世界上第一个煤炭直接液化商业性建设项目，国家"十五"计划的重点项目之一。其中煤液化装置排放污水水量大、浓度高，其他污水来源复杂多样，国内外没有类似的污水处理经验可借鉴。本项目采用 NBR 工艺，历经 9 个月的中试，对各种来源废水进行试验，调试出一套最经济适用的工艺模型，实现了对不同水质、水量污水的达标处理。

项目规模：

产品水精制系统：$300m^3/h$；

深度处理系统：$410m^3/h$。

主要工艺：

产品水精制系统：UF＋RO；

深度处理系统：A/O＋MBR＋UF＋RO。

技术亮点：

① 深度处理段采用 A/O 工艺脱氮除碳。在 A 池中，反硝化菌利用污水中的有机物作为碳源，将回流混合液和回流污泥中带入的大量 NO_3-N 和 NO_2-N 还原为 N_2 释放至空气，溶解性有机物被微生物吸收而使污水中 BOD_5 浓度下降，NO_3-N 浓度大幅下降；在 O 池中，有机物被微生物生化降解，BOD_5 浓度继续下降，有机氮和氨继而被硝化，使 NH_3-N 浓度显著下降。

② 深度处理 MBR 工艺对 COD 物质进行了强化处理，大幅降低了后续回用处理工艺中膜的有机物污染程度，同时出水油度也优于传统深度处理工艺，保证了膜处理系统在保持较高回收率的前提下的长期稳定运行，大大减少了污水的排放量，为厂区实现"零排放"创造了条件。

③ 针对项目场地小的特点，深度处理回用系统采用双膜法工艺。双膜法工艺流程简单、结构紧凑、占地面积小、自动化程度高、操作简便，无须投加大量化学药品，运行成本低。

④ 超滤装置截留微小颗粒，降低悬浮物、细菌和油度，部分去除有机污染

物质，达到改善和稳定水质的目的。

⑤ 反渗透系统主要用于去除水中溶解盐类、小分子有机物以及二氧化硅等污染物，可脱除水中 98% 以上的电解质（盐分）。

（4）久泰集团

项目名称：久泰能源（准格尔）有限公司甲醇深加工项目浓盐水回收装置及污水处理装置项目。

关键词：浓盐水回收。

项目简介：久泰能源（准格尔）有限公司甲醇深加工项目主要生产烯烃、聚乙烯、聚丙烯等。废水水量为 $600m^3/h$，因来水水源特性差异较大，所以此污水处理装置分别对氧化脱氢制丁二烯生产废水、MTO 生产废水、各装置生活化验污水、系统事故污水进行处理，处理后出水回用至 C4 装置和厂区中水回用装置。

项目规模：

浓盐水：$600m^3/h$；

污水：$600m^3/h$。

主要工艺：

浓盐水：高效澄清池＋V 形滤池＋UF＋钠床＋阳床＋RO；

污水：预处理＋A/O＋臭氧氧化＋BAF 池。

技术亮点：

① 浓盐水回用。

a. 针对原水特点（含有固体悬浮物、硬度、COD 等），采用高效澄清池前端加入絮凝剂、助凝剂、石灰、纯碱等药剂的方式，达到污染物去除目的。

b. 离子交换系统作为浓盐水工艺的前段工艺，主要作用是进一步去除预处理出水中的结构性离子，以满足反渗透膜进水基本无结构性离子的要求。

c. 采用 UF 技术，有效截留微小颗粒，降低油度，去除细菌和部分有机污染物，改善和稳定了出水水质。

d. 该工艺有效减缓了浓盐水中有机物对膜的污染，使系统长期稳定运行。

② 污水处理。

a. 针对 PP 和 PE 装置含油废水问题，设置气浮装置，以避免油类对后续生化单元造成影响。

b. 对于废水中难降解的油和不易降解的 COD 物质，采取生化池长时间停留措施，生化处理后难降解的大分子 COD 物质采用臭氧氧化工艺，再由 BAF 生化去除。

c. 为提高臭氧氧化效率，在氧化之前增设混凝沉淀单元，减少臭氧的消耗。

（5）兖矿集团

项目名称：兖矿集团陕西未来能源化工有限公司兖矿榆林项目污水处理厂及回用水处理 EPC 项目。

关键词：国内第一套百万吨级煤间接液化项目。

项目简介：陕西未来能源化工有限公司兖矿榆林 100 万吨/年煤间接液化示范项目是"十二五"的重点项目之一，也是国内第一套百万吨级煤间接液化项目。该项目以煤为原料，主要生产柴油、石脑油、LPG 等化工产品。本次主要介绍该项目的污水处理厂及回用水处理工程。本工程污水包括气化污水、低温甲醇洗污水、合成高浓度污水、含油污水及生活污水等。

项目规模：

污水：820m^3/h；

回用水：1300m^3/h。

主要工艺：

综合污水 1：气浮＋A/B 池＋沉淀；

综合污水 2：气浮（初沉池＋UASB）＋OAAO＋MBR 池；

综合回用水：高效澄清池＋V 形滤池＋UF＋RO 工艺；

综合回用浓水：高效澄清池＋石英砂过滤＋UF＋RO 工艺。

技术亮点：

① 根据进水条件和出水要求，人为创造和控制生化处理系统时间比例和运转条件，只要碳源充足，便可根据需要达到比较高的脱氮率和有机物去除率，因此采用 OAAO 工艺作为生化段主工艺。

② 曝气器采用高效旋流曝气器，该曝气器筒体属于大孔通道，再配合旋混结构，具有服务面积大、阻力小、运行稳定可靠、不易堵塞、使用寿命长等优点。

③ MBR 将分离工程中的膜分离技术与传统废水生物处理技术有机结合，大大提高了固液分离效率；并且由于曝气池中活性污泥浓度的增大和污泥中特效菌（特别是优势菌群）的出现，提高了生化反应速率；同时，通过降低 F/M 比减少剩余污泥产生量，从而基本解决了传统活性污泥法存在的许多突出问题。

④ 合成废水中有机物浓度达到 15000mg/L 以上，而且还含大量的有毒有害物质。采用两级厌氧，同时厌氧设置双循环系统，降低高浓度有机物对系统的冲击，同时保证反应器内的上升流速。

（6）四川化工集团

项目名称：四川化工集团宁夏捷美丰友化工污水处理装置项目。

关键词：典型的煤化工废水处理项目。

项目介绍：本项目以煤为原料生产化肥及甲醇等产品，采用西北热工院的水煤浆气化工艺，年产合成氨 40 万吨、尿素 70 万吨、甲醇 20 万吨。污水来源主要为气化废水、合成氨废水、初期雨水及其他生产环节污水，污水的 COD、NH_3-N 高，C/N 比低，属典型的煤化工废水处理项目。

项目规模：

综合污水：$3600m^3/h$。

主要工艺：

水解酸化＋A/O。

技术亮点：

① 本污水处理站用于处理气化装置气化污水，合成氨（甲醇）、尿素装置区的生产污水，全厂生活污水及生产装置的事故排放水和污染消防水。

② 本项目主工艺采用多段 A/O 工艺，去除 COD 物质和氨氮，本工程中实现污水 COD 物质去除率 95%，氨氮去除率 92%。

（7）神华集团

项目名称：神华包头煤制烯烃污水处理项目。

关键词：世界首个生产性 MTO 装置。

项目简介：神华包头煤制烯烃项目是世界上第一个生产性 MTO 装置。此项目的污水处理厂处理能力为 9600t/d，废水包括气化、净化、甲醇制烯烃、烯烃分离聚乙烯、硫回收、甲醇、回用水、火炬等装置生产废水及全厂地面冲洗水、污染雨水、生活污水等。废水中主要污染物为各种有机污染物和氨氮。污水的可生化性良好，但氨氮浓度较高，碳氮比较低，处理难度较大。

项目规模：

综合污水：$9600m^3/d$。

主要工艺：

A/O＋BAF。

技术亮点：

好氧池曝光采用博天环境专利高效旋流曝气器，该曝气器筒体属于大孔通道，再配合旋混结构，具有服务面积大、阻力小、运行稳定可靠、不易堵塞、使用寿命长等优点，解决了气化废水因硬度高造成的曝气器结垢堵塞问题。

（8）中煤集团

项目名称：中煤陕西榆林能源化工甲醇醋酸系列深加工及综合利用项目。

关键词：国内化工行业最大的循环冷却水装置。

项目简介：中煤陕西 360 万吨/年甲醇及深加工项目循环一期（Ⅰ）由三个相对独立的循环水站组成，其中包括热电空分循环水站（Ⅰ）、煤化工循环水站

（Ⅰ）和石油化工循环水站（Ⅰ），此项目为目前世界单体循环冷却水处理规模最大的项目之一，同时也是国内最大的循环冷却水 EPC 项目。

项目规模：

热电空分循环水站（Ⅰ）：$131.33 \times 10^4 m^3/d$；

煤化工循环水站（Ⅰ）：$105.80 \times 10^4 m^3/d$；

石油化工循环水站（Ⅰ）：$117.25 \times 10^4 m^3/d$。

主要工艺：

热电空分循环水站（Ⅰ）：冷却塔＋旁滤＋加药；

煤化工循环水站（Ⅰ）：冷却塔＋旁滤＋加药；

石油化工循环水站（Ⅰ）：冷却塔＋旁滤＋加药。

技术亮点：

① 针对榆林冬季寒冷的特点，冷却塔及管路设计多项防冻措施，保证冬季系统不受影响。

② 利用厂区多余蒸汽驱动水泵，达到节能的目的。

③ 超长钢筋混凝土水池结构无缝设计技术超越规范，保证水池结构的整体性与稳固性，确保结构各构件相互之间紧密连接，同时提高水池自身的结构刚度，解决了伸缩缝设计存在的整体性和抗震性能差、易漏水以及修复难度大等弊病。

④ 采用冷却塔水蒸气回收技术，可回收冷却塔水蒸气。既减少了蒸发水量，又回收了蒸馏水，经济效益十分显著。寒冷地区水蒸气回收比例可达 30% 以上。

（9）中煤集团

项目名称：中煤蒙大新能源化工项目除盐水及冷凝液精制装置 EPC 项目。

关键词：除盐水。

项目简介：本项目为内蒙古中煤蒙大新能源化工有限公司年产 50 万吨工程塑料项目设置的除盐水、凝结水站，建成后向工艺各装置、电站等提供合格除盐水，并处理回收清净冷凝液和含油冷凝液。

项目规模：

清净冷凝液：$160 m^3/h$；

含油冷凝液：$300 m^3/h$；

脱盐水：$600 m^3/h$。

主要工艺：

清净冷凝液：换热＋除铁过滤器＋冷凝水混床；

含油冷凝液：换热＋表面冷凝过滤器＋活性炭过滤器＋冷凝水混床；

脱盐水：UF＋RO＋阳离子浮动床＋阴离子浮动床＋混床。

技术亮点：

① 凝液热冷的有效利用。回收凝液的热量用于加热生水及最终脱盐水，实现热能的有效利用。

② 表面冷凝液过滤器的应用。可反洗式滤芯，在保证有效除铁的前提下，滤芯无须频繁更换，运行成本低。

③ 双膜的应用。其在盐水处理工艺上的成熟应用可有效降低吨水酸碱消耗量，操作简单，维护方便。

④ 高效浮动床的应用。浮动床也具有出水水质好、再生剂耗量低、排放的废液少、设备体积小、出水量大、操作简单等优点。

4.3 煤化工固体废物及粉尘的回收利用

4.3.1 粉尘的产生

（1）落煤管内有较大高差跌落

落煤管存在垂直高差，且落煤管装满系数较低。物料处于自由落体加速下落状态时，会产生较强的诱导风，携带大量煤尘向下快速冲入导料槽，从导料槽出口处以及导料槽胶皮和输送带接缝处喷出，特别是在输送块煤时，较大高差的跌落会造成块煤破碎，产生更多的细小干燥粉尘颗粒，大大增加了诱导风中粉尘的浓度。

（2）物料与落煤管壁冲击较多，造成粉尘飞扬

落煤管设计没有考虑物料抛入角度，落煤管转弯处采用折线硬转弯，导致物料与落煤管壁硬碰撞，造成物料的反弹飞溅以及破碎率增加。粉尘扬起进入管内流动的诱导风中，增大了诱导风中的粉尘浓度。

（3）带式输送机导料槽抑尘效果差

采用普通DT（Ⅰ）型导料槽容积较小，长度短（每个落料点仅4.5m，物料在导料槽内仅停留1.8s），导料槽与输送带之间只有单层胶皮封闭，且贴合不严。诱导风冲入导料槽后，造成较大正压，粉尘快速从导料槽出口以及与输送带接缝处喷出。

（4）各设备接口处没有密封措施

振动给煤机护罩与振动槽体之间、分级筛除尘罩与筛体之间存在较大间隙，分级筛入料溜槽与筛体之间没有封闭措施，筛下漏斗和筛体之间缝隙没有密封，破碎机出口至轨道层楼板面之间没有密封，带式输送机头部护罩单层胶皮挡帘密

封效果差等，均导致煤尘从缝隙中大量涌出。

（5）煤炭运输过程中产生扬尘

煤炭经储煤场储存后，水分逐渐蒸发变得干燥。煤炭输送过程中，会带动上方空气随其流动，表层细小粉尘会随其运动，从而弥散在空气中。在输送机空载启动时附着在输送带表面上未清扫干净的细小颗粒在输送机停机期间由于水分蒸发变得干燥，启动过程中由于输送带的快速运转而使干燥颗粒扬起，形成粉尘。

（6）袋式除尘器除尘效果不稳定

正常运转的袋式除尘器除尘效率原本很高，但是在处理水分较大的物料时，会导致滤袋黏结、堵塞滤料，造成除尘效率下降。本项目进煤水分波动比较大，最大外在水分可达23%，因此在运行2～3个月后，滤袋黏结堵塞而使除尘效率大幅降低。

4.3.2　粉尘的特点及危害

多年来，我国能源消费结构中，煤约占70%，化石能源和天然气分别占20%和3.5%。在电力能源结构中，燃煤发电一直占据主导地位，比例约为77%；在化工原料结构中，煤炭占一半以上。由此可见，在较长的时期内以煤为主的能源结构和化工原料结构很难改变。但是由于煤的高碳性和洁净煤技术应用的落后，煤的使用也是环境污染的主要来源。大型煤化工过程中，煤基合成气的生产和应用过程，除了污染大气外，其产生的废水、废渣对环境的影响也十分严重。

按照空气动力学直径将煤尘的总悬浮颗粒物划分为以下三种：呼吸性粉尘（$0.01 \sim 5\mu m$）、飘尘（$5 \sim 10\mu m$）、降尘（$10 \sim 100\mu m$）。研究表明，$2 \sim 10\mu m$ 的尘粒约90%可进入并沉积在呼吸道内，其中部分可随痰液排出，约10%可到达肺部深处并沉积；直径小于 $2\mu m$ 的粉尘可经呼吸道直达肺部，其中 $0.2 \sim 2\mu m$ 的尘粒几乎全部沉积在肺部；直径小于 $0.2\mu m$ 的尘粒仅有部分可随气流呼出。

通常情况下，煤在输送、加工过程中扬起的粉尘粒径绝大多数小于 $5\mu m$，极易吸入人体呼吸道和肺部，且其中游离二氧化硅含量小于10%，分散度高，稳定性较强，长期接触可能会引起尘肺病。

4.3.3　除尘技术

煤化工生产过程中，很多工段都会产生携带大量的固体颗粒物的废气或化工原料气，这些颗粒物必须在进入后续的生产工段之前进行脱除和处理[9]。

通常，除尘设备大体分为两类：干式除尘设备和湿式除尘设备。干式除尘设备主要有：重力除尘器、惯性除尘器、旋风除尘器、过滤式除尘器、干法电除尘器等；湿式除尘设备主要有：洗涤塔、泡沫除尘器、水膜除尘器、旋流板除尘器、文氏管除尘器等。

近年来，气流床气化技术作为煤化工发展的龙头技术得到越来越多的应用。气流床气化炉技术与其他气化技术相比，具有单炉处理能力大、煤种适应性广、碳转化率高等优点。目前气流床煤气化技术有干法进料和湿法进料两种工艺。

干法气流床气化技术的典型代表是 SHELL 气化炉技术，其产生粉尘的过程主要集中在两个部分，分别为煤粉的制备工段和气化燃烧的煤气生产工段。

对于煤粉制备工段主要的粉尘泄漏和排放点有碎煤仓、粉煤仓、高压锁斗的充放压等备煤输煤设备。此工段由于工作的温度一般小于 200℃，所以采用一般的布袋除尘就能达到很好的除尘效果，排放浓度小于 $10mg/Nm^3$。对于煤粉的皮带输送和给煤计量设备这些环节，如果采用开式结构，散发的气体无法收集和集中处理，所以工程中优先采用闭式的输送系统。

对气化燃烧的煤气生产工段，气化所生成的煤气中会携带大量的飞灰，这些携带飞灰的热煤气，经冷却到 350℃ 左右后，进入陶瓷过滤设备进行除尘，除尘之后的煤气含尘量小于 $20mg/Nm^3$，然后进入文丘里加湿洗塔的冷却除尘设备，让煤气降温并除灰，使灰含量小于 $1mg/Nm^3$，再送入后续工段进行煤气的利用（图 4.8）。

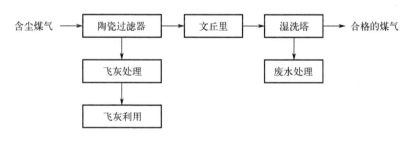

图 4.8　干法煤气化飞灰处理工艺

湿法气流床气化技术的典型代表是 GE 气化炉技术，其产生粉尘的过程主要是气化燃烧的煤气生产工段。产生的高温煤气直接进入水浴冷却室进行冷却，冷却到 250℃ 后进入文丘里加湿洗塔的冷却除尘设备，让煤气降温并除灰，使灰含量小于 $1mg/Nm^3$，再送入后续工段进行煤气的利用（图 4.9）。

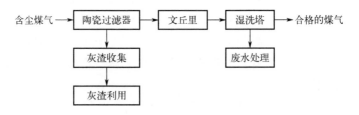

图 4.9　湿法煤气化飞灰处理工艺

4.3.4　固体废物回收处理技术

（1）预处理

这是对固体废物进行资源化处理的基础性工作，主要内容包括破碎、压碎与分选。其中，压实，即通过压实机械设备的应用对固体废物进行压实处理，降低废弃物的容积率，使其具有更高聚集度，便于后期处理。破碎，即通过机械设备的应用对废物原有内部聚合力进行破坏，有效降低颗粒物尺寸，为再利用打下基础。分选，即根据废弃物类型进行分类，根据应用价值对其进行区别性利用处理。通过预处理技术的应用，能够为后期回收利用以及作用发挥打下基础。

（2）化学处理

化学处理固体废物，主要是为了解毒。通过对其稳定性的处理降低有毒有害成分的浸出，且能够对其中的有毒有害物质进行浓缩与分离。就目前来说，在处理废物中含有的有机物（如重金属离子、酸碱、乳化油等）时应用的主要为化学技术，可以通过电解、中和以及氧化方式进行处理。同时，也可以通过化学技术对固体废物在焚烧当中形成的飞灰、有机污泥以及重金属废渣等进行处理。该技术也是实现相关资源再利用的关键，如可以通过城市固废制造肥料，进行沼气发电等，且能够在有色金属制品冶炼中进行回收与利用。

（3）杂盐提纯技术

在现今化工项目中，对于脱硫废水，可以在经过多级预处理后再使用蒸发器进行处理，从而能够较好地实现零排放目标。形成的废渣能够制作成公园路面、围墙等的材料，结晶盐在经过提纯后，能够满足工业盐标准，对于固体废物处理具有较为积极的意义。目前，有研究人员对鲁奇炉、GSP炉废水进行了资源中试试验，采用了一级纳滤、预处理、二级纳滤、透析蒸发结晶的处理方式。在结晶过程中，应用到了淘洗提纯技术，从而获得较高的 NaCl 纯度，相关指标都能够满足工业盐标准。对于煤化工废水提纯结晶硫酸钠以及结晶盐氯化钠标准提出了指标值。

（4）粉煤灰利用

在生产建筑当中，粉煤灰是一种常规材料。除了应用于烟气脱硫外，现有研究还在粉煤灰工业化应用、金属元素提取等方面获得了较大的发展。我国企业已经通过高铝粉煤灰提取氧化铝硅酸钙，以此实现粉煤灰的高效化利用。同时，粉煤灰在土壤改良剂中也具有较好的应用价值，如改善土体结构、降低土壤孔隙率以及降低容重等，从而使土壤具有多孔、疏松的特点，在透气性方面具有好的表现，在对作物生长起到积极作用的同时促进产量的提升，并在现有耕地土壤修复、改良方面获得了较好的表现。

（5）生化污泥处理

生产当中形成的生化污泥具有一定的热值，同煤炭相比，干化污泥具有30％～50％的发热量。以往使用的污泥焚烧方式，主要是对污泥当中的有机成分进行燃烧。相关人员以污泥不同掺配量占比为条件进行试验。结果发现，对于不同工段，在无组织、有组织废气源、污染物以及固体废物排放量方面没有发生较大的变化，在固体废物与废气当中也没有形成新的污染物，说明该技术在污泥资源化处理方面具有较好的应用价值[10]。

固体废物再利用流程如图 4.10 所示。

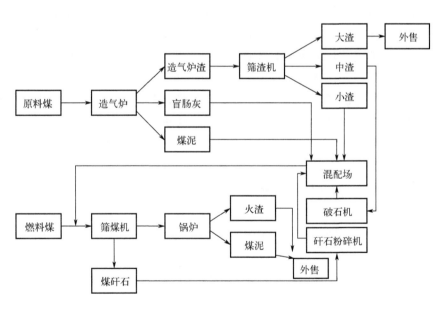

图 4.10　固体废物再利用流程示意图

4.4 煤化工过程中煤渣和粉煤灰及硫化物的综合处理

4.4.1 固体废物简述

在煤化工产业发展当中，将形成较多的固体废物，其含有的化学成分将对环境形成化学污染，并导致以下危害。第一，污染土壤。固体废物在形成后，如果没有得到合理利用，则需要占地堆放。对于该问题，很多城市会在郊区设置堆放场不仅侵占农田，而且固体废物中存在的有害物质也会对土壤的结构与性质造成危害。同时，这部分有害成分如果在植物有机体当中积蓄，也会对人体健康造成危害。第二，污染水体。在固体废物处理中，如果直接将其倒入河流等水体当中，则会对水体造成污染，破坏水资源与水生生物的生存条件。该类污染在对水体造成污染的同时，也将减少相关水体的有效面积，进而影响到水体的灌溉。在部分排污口位置，还将形成灰滩，在不断延伸的情况下将对正常水运产生影响。而对于在路堤位置堆放以及仅仅以简单方式处理的废物，则会在废物分解、雨水影响下形成有害的渗滤液，对周边的地下、地表水造成污染。第三，污染大气。在固体中，部分细微颗粒也有较大的概率随风四散，对大气环境造成污染。在温湿度适宜的情况下，微生物将其分解形成一定的有机废物，释放出有害、有毒、具有恶臭气味的气体，进而污染当地的空气。同时，在固体废物填埋处理中也将存在沼气溢出问题，在焚烧过程中也将形成粉尘，进一步污染大气环境。第四，影响景观。在我国的部分地区，固体废物清运能力也存在不足，没有保证全面地进行无害化处理，部分垃圾随意堆放，对城市的环境和景观塑造产生了负面影响。

4.4.2 煤渣和粉煤灰回收处理技术

煤化工过程产生的炉渣主要来源于气化炉，粉煤灰来自相应的除尘设备。经过多年的实践和研究，炉渣和粉煤灰主要用于建材、农业和冶金领域。煤灰渣的主要利用途径是生产水泥。煤灰渣的主要成分是 SiO_2、Al_2O_3、CaO 和 Fe_2O_3，其中 SiO_2 和 Al_2O_3 的含量在 70% 左右，这些化学组成类似于黏土，因此可以代替黏土作为生产水泥的原料，在某种程度上还可以改善水泥的性能。每生产 1t 水泥可以消耗掉 0.16t 煤灰渣。粉煤灰可以和黏土、页岩分别做成不同类型的烧结砖。一般的粉煤灰掺量按体积比 30% 以下属于低掺量，30%～50% 属于中掺量，50％以上属于高掺量。高掺量粉煤灰烧结砖具有节约土地、自重轻、较普通黏土砖干燥时间短、节能效果显著的特点。表 4.3 为黏土-粉煤灰烧结砖的性能与普通黏土砖性能的比较。

◆ 表 4.3 黏土-粉煤灰烧结砖的性能与普通黏土砖性能比较

试件	干燥收缩率/％	煤粉灰掺量/％	干燥时间/h	烧结温度/℃	砖容量/ (kg·m⁻³)	抗压强度/ (kgf·cm⁻²)
1	<1	40	12	1050	1730	195
2	<1	45	12	1050	1250	200
3	<1	50	12	1050	1230	185
4	<1	55	12	1100	1220	155
黏土砖	<5	0	24	1000	1930	145

4.4.3 硫化物的产生及危害

大型煤化工生产都是以煤的气化为源头，而不同用途对煤气的成分要求也不同，因此选用的气化剂和气化装置也不同。一般地说，煤气化过程包括煤的初始热解、煤氧化燃烧以及煤焦还原气化三个基本化学过程。硫的化学变化也涉及以上三个基本化学过程[11]。气流床气化炉中硫污染物的生成过程如下：在富燃料环境下的快速脱除挥发过程中，硫主要转化为 H_2S；然后挥发分被氧化生成 CO_2、H_2O 和 SO_2；在煤焦与 CO_2 和 H_2O 的反应过程中，SO_2 又被还原生成 H_2S。但在煤气中，除了以 H_2S 为主的含硫气体外，一般还有少量的 COS 等气体，形成的反应如下：

$$S + O \longrightarrow SO_2$$
$$SO_2 + 3H_2 \Longleftrightarrow H_2S + 2H_2O$$
$$SO_2 + 2CO \Longleftrightarrow S + 2CO_2$$
$$CO + S \Longleftrightarrow COS$$

由上面的分析可以看出，相对于直接燃烧，大型煤气化技术产生的 CO_2 排放污染较低。一般控制 SO_2 排放的技术概括起来可以分为三大类，即燃烧前脱硫、燃烧中脱硫和燃烧后脱硫（烟气脱硫）。其中燃烧后脱硫是目前控制大气中 SO_2 最为有效和广泛的技术。煤气中的硫化物也会造成生产设备和管道的腐蚀，引起煤气原料化学反应催化剂的中毒失效，直接影响最终产品的产率和质量。例如合成氨和合成甲醇的生产中硫对以镍为活性组分的转化催化剂和甲烷化催化剂，对以铜为主要活性组分的合成甲醇催化剂和低温变换催化剂，有时危害性很大。现代大型合成氨和甲醇厂，要求煤气合成原料中的硫含量控制在 $0.1\sim 0.2mg/Nm^3$ 以下。

表 4.4 为洁净煤气化技术产生的大气污染物分析。

◆ 表 4.4　洁净煤气化技术产生的大气污染物分析

成分	含量	成分	含量
主要成分（体积分数）/%		金属化合物/（mg/m³）	
CO	53.3	As	<0.07
H_2	25.9	Fe	0.47
N_2	14	Hg	1.7
CO_2	4	Ni	0.44
H_2O	1.8	V	<0.01
硫化物（体积分数）/%		氰化合物/（mL/m³）	
H_2S	0.6	HCN	165
COS	0.08	NH_3	4

4.4.4　硫化物的主要治理技术

脱除煤气中硫化物的方法主要分为湿法和干法两大类。湿法脱硫又分为湿式氧化法、化学吸收法、物理吸收法以及物理化学吸收法。值得指出的是，各种湿法脱硫工艺所脱除的 H_2S，只有湿法氧化法在再生时能够直接回收硫黄，其他的各种物理和化学吸收法，在其吸收液再生时会放出含高 H_2S 的再生气，因此必须设置专门的处理装置来回收再生气中的 H_2S，并对尾气进行环保处理后排入大气。常用的含硫再生气的处理方法有两种：一种是采用克劳斯法，将再生气中的 H_2S 制成硫黄加以回收；另一种方法是将含硫再生气送往硫酸厂作为制酸原料，生产硫酸产品。

参考文献

[1] 姜明君，刘丹，辛国军 . 黑龙江省煤炭资源综合利用现状与对策研究 [J] . 价值工程，2017，36
    (6)：256-257.
[2] 张芫 . 煤炭资源综合利用技术探究 [J] . 中国资源综合利用，2018，36 (9)：70-72.
[3] 窦志荣，王神虎，何广湘 . 论煤炭资源综合利用的循环经济发展 [J] . 山西煤炭管理干部学院学报，
    2011，24 (4)：7-8.
[4] 王秀军 . 煤化工过程的主要污染物及其控制 [J] . 煤化工，2012 (5)：38-42.
[5] 马晶 . 基于煤化工含盐废水处理技术的应用分析 [J] . 内蒙古煤炭经济，2021 (22)：44-46.
[6] 黄开东，李强，汪炎 . 煤化工废水"零排放"技术及工程应用现状分析 [J] . 工业用水与水，2012
    (5)：1-6.
[7] 韦朝海 . 煤化工中焦化废水的污染、控制原理与技术应用 [J] . 环境化学，2012 (10)：4-11.
[8] 王硕 . 煤化工废水零排放技术要点及问题的处理 [J] . 化工设计通讯，2022 (3)：19-21.
[9] 宋斌，王惠 . 煤化工项目废水零排放及含盐废水处理技术 [J] . 化工设计通讯，2021，47 (7)：
    9-10.
[10] 许以农，李健 . 高盐废水膜处理关键技术及资源化利用 [J] . 北京皮革，2021，46 (7)：26-31.
[11] 苏会 . 含重金属废水的循环利用 [J] . 内蒙古煤炭经济，2021 (7)：148-149.

煤化工企业绿色工厂管理体系的建立与优化

5.1 管理体系框架

2020 年 9 月,我国提出了二氧化碳排放力争于 2030 年前达到峰值,努力争取 2060 年前实现碳中和的目标。碳达峰、碳中和目标提出之后,就意味着能源清洁化力度将进一步加大,这对于煤化工企业来说是个重大难题。越来越多的人认为煤化工产业是造成大气中二氧化碳浓度快速升高导致全球气候变暖的主要"元凶",加快发展可再生能源,推动能源低碳化转型已成为整个世界的大趋势[1]。

对于煤化工企业来说,推行绿色制造是绿色发展理念在生产领域的体现,是落实制造强国战略、推动企业转型升级、实现工厂高质量发展的有效举措。2016 年工业和信息化部制定并发布了《绿色制造工程实施指南》,并于 2017 年开始征集绿色制造体系建设示范项目,全面推进绿色制造体系。2018 年 5 月,《绿色工厂评价通则》(GB/T 36132—2018)正式发布,为绿色工厂创建和评价提供了标准支撑。在绿色工厂评价标准中,"建立、实施并保持满足 GB/T 19001—2016、GB/T 28001—2011、GB/T 24001—2016 和 GB/T 23331—2020 的要求"是绿色工厂申请评价的基本条件,通过质量、环境、职业健康安全和能源管理体系的第三方认证是绿色工厂评价的提高性要求。由此可见这四大管理体系在绿色工厂管理体系建设中的重要作用。

目前,申请创建绿色工厂示范单位的企业普遍通过了四大管理体系中的质量、环境和职业健康安全管理体系认证,部分重点用能单位同时通过了能源管理体系认证。煤化工企业作为绿色工厂的发展重点,更应该注重自身企业的管理体系。由于煤化工企业既有管理体系文件的相关要求,也有绿色工厂管理体系的标准要求，二者普遍存在差异性问题，如何在现有管理体系的基础上更好地融合绿色制造的关键内容，是煤化工企业创建绿色工厂需要解决的重要问题。

煤化工企业的管理体系拥有实现绿色工厂管理所需要的制度框架、操作细则、办事流程和各方资源，其本身在企业管理框架内扮演着重要角色。煤化工企业的管理就是将这些组成部分有机地整合起来，作为一个整体，更加有效地推动企业发展，增强核心竞争力。

管理的制度框架是指在企业内部按照一定的规章制度，明确管理相关部门，规定其部门自身职能，进而落实相关管理人员的权利与义务及管理网络。操作细则是具体行动指南，主要是管理的工作方式方法，包括信息的传出与反馈。办事流程则是投入与产出过程涉及的相关活动，指从原料的投入到最终产品所涉及的每个步骤中的各方面内容，同时还涉及实施过程中的偏差、错误的及时调整和全流程的升级改造。各方资源指的是配合技术管理的各方面内容。管理体系就是凭借与管理相关的各类资源，在一定的制度框架内，管理人员按照办事流程履行自身、部门职责职能，为了使企业不断发展和提升自身竞争力的有机整体。

管理体系的制度框架、操作细则、办事流程和各方资源可对应为管理体系的四大支柱，即组织结构、方法、过程和资源。类比四大支柱的关系，制度框架是管理体系正常运行的保障，操作细则是管理体系发挥作用的手段，各方资源是管理顺利进行的前提，办事流程是管理体系的构建基础。管理活动是渗透在煤化工企业绿色工厂每个办事流程之中的，其管理活动也只有时刻伴随才能发挥应有作用。对煤化工企业绿色工厂的管理就是在企业日常运转过程中得以实现的[2]。

5.2 管理体系建立与优化的基本方法

管理体系继承了质量管理的经典管理理念，经过几十年的发展和实践，一些现代的管理理念也在管理体系中得到应用。运用过程方法、采用 PDCA 循环、建立风险管理思维、追求持续成功、关注绩效。以客户为关注焦点、领导作用、全员参与循证决策、关系管理等理念已经被大多数管理体系标准全部或部分采用。这些核心理念在管理体系中是共性的，掌握这些核心理念，对管理体系的理解和应用至关重要。

一个组织针对某个特定领域管理的深度和广度，会依据自身的需求来确定。当需要对一个特定领域实施系统化管理时，组织若按照一个特定管理体系标准的要求实施管理，这无疑是一种全面的、有效的和高效的选择。无论组织依据哪个领域的管理体系标准来建立其管理体系，组织所使用的方法和过程是基本一样的。掌握这些基本方法，对一个管理体系的策划者、设计者、运行者、检查者及改进者会有很大的帮助。

这些基本方法主要包括：管理体系的建立、管理体系的运行、管理体系的绩效评价、管理体系的持续改进。

5.2.1 管理体系的建立

管理体系的建立包括管理体系的策划启动、策划信息及内容和创建体系文件。首先，组织的最高领导者应对管理体系的作用有足够的认识，管理体系策划的科学性、系统性和适宜性，直接关系到管理体系的建立、实施、保持和改进的有效性。管理体系的策划是组织对拟建立的管理体系的统筹规划、系统分析和整体设计。

在以下情况时，组织应当创建体系文件：管理体系标准的内容需要形成文件信息；在没有文件化信息的支持下，无法确保过程结果的有效实现；组织为持续改进、经验传递、积累知识、提供证据或其他原因所需的形成文件的信息。创建管理体系的原则包括：系统协调原则、融合优化原则、可操作原则。

企业对质量、环境和职业健康安全三方面的管理缺一不可，但并不是要求企业分别建立三个管理体系同时运行。从对 ISO 9001、ISO 14001 和 GB/T 28001 体系认证的实践运行和体系标准的发展来看，企业建立管理体系非常必要，理由如下。

（1）利于简化体系文件

假如组织同时建立三套相互独立的关于质量、环境和职业健康安全管理体系的文件，现场文件就会太多，相应的对文件的管理难度也很大。再加上对不同文件的管理要求不同，现场的工作人员极易将其混淆。而有效的整合利于减少重复性文件的数量，使文件的使用更便捷，管理更有效。

（2）可简化管理工作，提高管理的效率

假如一个组织的质量、环境、职业健康安全管理主管部门各不相同，组织的内审员同样按照质量、环境、职业健康安全管理三个专业进行分工，对三套管理体系分别运行和维护，必然造成内审员职责和权限的交叉。不同体系的内审员在管理时各自为政，彼此之间缺乏沟通交流，主管部门各司其职，缺少协作，造成组织管理系统的复杂和无序，导致系统功能和管理效率的降低。如：制定培训计划及实施、修改文件、发放和评审、记录的管理、法律法规的收集和合规性评价、现场作业管理、监督检查、不符合纠正、内审、管理评审等多个方面都有可能发生重复，更有甚者彼此之间会产生矛盾，组织需要额外花费更多的精力去协调。因而将体系进行整合利于体系的策划、运行与审核，实现资源的共享，提高管理效率，节约管理成本。

（3）符合系统原理的要求

组织如果同时运行三个相互独立的管理体系，就违背了管理的系统原理。依据系统的观点，为使组织的管理效果达到最佳，组织所有管理活动都需要纳入一个整体综合考虑，从而节约组织的管理资源，提高组织的整体效益。

（4）可统筹安排内部和外部审核，节省人力、物力和财力

如果三个体系分别运行，按规定组织一年内对每个管理体系最少要进行 2 次内审、1 次管理评审，认证机构每年至少要进行 1 次体系认证或者监督审核，这样一来，组织一年中就要进行 6 次内审、3 次管理评审和 3 次外审，获证组织的负担相当沉重，而将体系进行整合后仅需进行 2 次内审、1 次管理评审和 1 次外审。并且如果组织是一体化的管理体系，在接受外审时还能减少审核的人数和天数，使认证的费用降低。

ISO 认识到组织内同时建立多套管理体系和进行多重的认证会带给企业沉重的负担并给管理带来不便。在制定修改各个管理体系标准时，ISO 也尽量使体系标准间在组织结构、文件、技术和运作上接近以保持基本一致，运用共有的结构方式来实施不同的标准要素，为企业能够更快更好地实现管理体系一体化创造有利条件。总的来说，对三体系整合方便了我们认识并掌握管理工作的规律。组织建立一体化的管理体系能够有效调配人员，优化管理机构，统筹组织活动，利于组织培养复合型人才，降低企业的管理成本，提高体系运行效率，因而对管理体系进行合理的整合是必要且可行的。

于煤化工企业而言，建立合适的管理体系能够彰显出自身企业的管理能力和作风素质；能够使企业的管理更加程序化、标准化、统一化、合理化，进而预防问题的发生；能够提高工作效率、组织能力和效率。最重要的是，能够提升整个企业的核心竞争力。

5.2.2 管理体系的运行

管理体系建立阶段完成后，体系将进入试运行阶段。试运行的目的是验证管理体系文件的有效性和协调性，并对暴露的问题采取纠正和改进措施，从而进一步完善管理体系。

文件编制完，由管理者代表负责文件的收集和整理，并交由认证机构进行审阅，根据认证机构的审阅意见进行修改，文件修改并通过认证机构审核后，管理者代表交由高层领导审阅。高层领导按照质量体系运行要求分配资源，调整组织

架构，最后确认并签署质量体系文件的实施文件。

体系运行之后能暴露出建立时未注意到的问题，这对煤化工企业来说，可以及时调整管理体系，最大限度地减少出问题所造成的损失[3]。

5.2.3　管理体系的绩效评价

绩效通常指工作的有效性和效率，即群体组织和单独个体任务的表现和履行情况，简单来说，即行为的实践和该实践预期的效果。绩效是行为和成果的联合体，不但关注工作过程的把控，而且注重最终目标的实现。从这个角度来说，组织战略目标层的重要表现形式便是绩效。因此，绩效必须与组织的战略目标保持在相同的频道上。绩效管理体系的最优表现形式是组织绩效，在今天也可理解成企业绩效，企业绩效的实现离不开个人和团体的努力。

绩效管理是组织及其管理者在其核心价值观的指导下，为使组织成员的作为和成果符合组织的预期目标，而实施的一个周期性的绩效规划、监控、评估和反馈的过程。在这个过程中，充分体现出管理运营的理念，即通过持续不断地调整和改进工作方法，提高工作效率，逐渐提升个人和部门的工作水平，直至实现组织的战略目标。在此之前，由于并没有客观公正的标准去衡量企业的经营管理是否成功，也没有恰当的方式去评价员工或部门的阶段表现情况，随之逐渐产生了诸多问题。因此，在这个阶段中便延伸出了绩效评价这一概念。综合来看，绩效评价也是管理的重要组成部分，只有将考核纳入整个管理过程，才能有效且全面地实现组织的目标。绩效评价即采用适当的考核方式，对组织中各部分绩效目标的实现情况进行评估的行为。企业绩效考核主要根据一套已制定完善的评价体系，对企业阶段性的运营成效进行合理科学的评估，该体系包含的方法和指标均是与经营期绩效考核相关的。从本质上来说，绩效评价是一种行为的反馈，具体表现为对成就的认可，对不足和问题的纠正。绩效评估实际上也是对股东价值的一种清晰衡量。若没有绩效考核或者制定的评价体系不够合理、公平，则不能将员工的积极性激发出来，甚至影响整体目标实现的进程和效率，亦会影响公司如期效益的获得，影响股东的实际权益。因此，有必要运用运筹学和数理统计等较为准确和科学的数学方法，建立适合企业长远发展的全面评估指标体系[4]。

一个达标的绩效考评，能够使煤化工企业更好地进行员工管理。例如，帮助员工进行自我管理，发掘员工自身潜能，提高上下级的配合程度。

5.2.4　管理体系的持续改进

持续改进是以不断改进、不断完善的管理理念，通过全员参与各个领域的目标化、日常化、制度化的改进活动，运用常识的方法及低成本的"改善"手法，确保现场管理水平渐进、螺旋式地上升，促进企业阶梯式的持续进步和稳健发展。持续改进既有继承，又有改革与发展，并且具有以下特点。

（1）风险小

因为在改善的过程中，如果发觉有不妥当之处，管理人员随时都可回到原来的工作方法上，不需耗费大成本。

（2）阻力小

企业全员参与，以员工的努力、士气、沟通、训练、团队参与及自律来达标，成功率高，操作性强，工作扎实。持续通过一系列实践活动改变人们的思想观念和行为习惯，改变人们熟悉的工作方法与处理人际关系的方式，通过一小步一小步坚实的改善步伐，带来戏剧性的重大成果，使现场管理生机勃勃，使组织机体常青，立于不败之地。

持续改进的通行方法有 A3、8D/PSP、ADLI、PDCA 环、EFQM 卓越模型、RADAR 矩阵和六个西格玛（DMAIC、DFSS）等。它们在世界范围内的各个地区，比如欧洲和日本，或者公司范围内的各个领域，比如组织管理、生产管理等均有广泛的应用。

目前，国内学者对于技术管理划分体系的研究并不多，主要有吴伟伟等建立的技术管理体系三维架构，从目标维、管理职能维、对象维三个维度进行划分，形成了技术体系的空间模型。划分的三个维度两两构成的评鉴就是一个研究体系，于是形成了技术管理较多可研究的领域。尽管有一些相关研究已经获得了学者们较多的关注，但是总体来看是远远不够的。而且还有相当多的类别的研究处于学者们极为不关注的状态中，相应的研究极为欠缺，比如技术管理体系的持续改进的方法研究，这些都说明了目前对于技术管理的研究尚处于发展中[5]。

对煤化工企业来说，管理体系建立及优化的目的是提高组织管理体系的有效性和效率，实现企业领导指定的方针和目标，增加客户和其他相关方满意的机会。企业要根据环境的变化来及时调整企业的方针和目标，建立持续改进的机制。企业管理层应对持续改进做出承诺，全体员工要积极参与持续改进的活动，进而提高企业的核心竞争力。

5.3 管理体系的建立与优化要点

（1）适应国际竞争需要，探索管理创新之路

面对错综复杂的各种矛盾和日益激烈的市场竞争，煤化工企业领导必须清醒

地意识到：依靠传统的管理思想和方法，已不能适应当前形势的需要；必须从战略的、理性的高度对环境变化、经营目标、内部资源的最佳协调组合加以研究，全面推行现代化管理方法，方能应对现在日趋激烈的国际市场竞争；运用系统的观点和方法，将各系统相对分散的管理功能聚集起来，合理组合，产生管理功能上的整体放大效应，进而认识和处理管理中面临的各种问题，才能达到事半功倍的效果。

基于此，煤化工企业应该召开大型研讨会，全面分析内外部环境，系统调研改进管理的方法措施，在学习借鉴先进管理思想和广泛听取职工意见的基础上，确立符合工厂实际、体现时代要求、具有科学性和可操作性的管理创新工程，即引入系统化管理模式的经营决策、技术管理、质量保证、成本控制和一体化考核五大管理体系，涵盖整个工厂管理工作的方方面面，为企业管理水平的提高发挥重要作用。

（2）建立五大管理体系，全面推行系统管理

五大管理体系的建立是一个循序渐进、不断完善的过程，经过一段时间的试运行，其内容不断充实，功能逐步完善，形成了一个日趋成熟的管理创新模式。

① 经营决策体系。

管理的重点在于经营，经营的核心在于决策，决策质量的高低会给企业生产经营活动带来重大影响。在决策上求"准"是建立经营决策体系的出发点和落脚点。在确定决策内容和程序的同时，明确该体系的具体职责：汇集决策所需的信息资料；提出多种可行性方案供决策者选择；组织实施决策的计划；对决策的贯彻实施进行控制、评价、指导与协调。要求全公司重大决策必须坚持集体决策、实事求是、效益最大化及领导与群众相结合的原则，突出做到三点：一是对未来的全局性行为在确定目标、制定措施、组织实施时，必须从安全、高效的角度选择评估，从多种可行方案中选择最佳方案；二是任何一项重大事项都要"想好了再干"，而不是"干完了再想"，形成对重大问题实行科学决策的工作制度，使决策更合乎理性，更具有效益；三是必须实行民主决策，依靠群体智慧，坚持实事求是，每一决策必须由部门论证，必要时请专家进行论证，最终提交职代会审议通过，把企业重大问题的决策权交给全体职工。达到目标与方法、可能与可行、时效与时机、全局与局部的统一，力求决策更具科学性和效益性。

② 技术管理体系。

科技是第一生产力，但科学技术必须通过管理才能变成生产力，才能真正发挥"第一生产力"的作用。依靠科技进步挖潜力，坚持向技术管理要效益，在技术上求"精"，是建立技术管理体系的宗旨。通过强化技术设计过程的管理工作，做到技术工作为经济效益服务，技术管理为保安全、降成本、增效益发挥主导作

用，努力寻找技术与经济的最佳结合点。通过明确职责、细化管理、集体协作、智慧组合、风险共担、成果共享等措施，下功夫改变技术队伍中存在的怕担责任和技术设计片面追求安全性而忽视效益性的倾向。学会运用现代科学的研究成果，开展技术设计和现行系统环节的完善改造工作。在具体工作中，收集历年各方面的设计数据，建立设计数据库；制定优化设计的要求和程序，并严格按程序组织设计工作；建立技术设计管理责任制，主管技术的领导和有关部门责任明确，并进行考核。要求重大项目工程的设计做到多方案选择，各项设计方案都要有经济效益评估的计算基础。对全公司合理化建议认真汇总、论证及采纳。同时，设立科技进步奖励基金，制定评选奖励办法。

③ 质量保证体系。

如果说管理是企业的形象工程，那么质量就是企业的生命工程。建立质量保证体系主要是为了解决工作质量、工程质量、产品质量以及各种材料、配件、设备的进货和修复质量的把关问题，努力消除因质量问题给企业带来的经济损失，做到质量上争"优"。

不论抓工程质量，还是产品质量，都要先从抓工作质量入手，让职工明白"工程和产品质量是设计、制造出来的，而不是检查出来的"这个道理。通过严肃劳动纪律，提高工作效率，坚持"两严两抓"，奉行工作至上，以先解决问题、后明辨是非为准则，努力干好本职工作。在质量保证体系中，明确了上至企业领导、下到普通职工的质量保证职责，对煤化工产品、物资采购等方面的质量监督程序和办法做明确规定，制定严格的考核奖罚机制，并成立专门的质量监督机构，从而形成较为完善的质量管理网络。

④ 成本控制体系。

成本是企业的兴衰之本，成本管理涉及企业管理的方方面面。每个生产者和管理者同时也是成本的消耗者，对成本实行全员、全过程、全方位的"三全"管理，就是将各系统、各部门、各岗位的成本控制责任与经济利益直接挂钩，做到指标分解和责任分解相结合，真正形成责、权、利紧密结合的责任共同体。

成本控制体系的核心是推行"三全"管理。按照整体规划、分步实施的要求，把成本指标分解到每个管理者和生产者头上，建立全员参与、齐抓共管的成本控制体系，并按照各单位各自成本形成的全过程，层层设防，强化环节控制，实现全过程管理。同时，要发挥各部门的控制职能作用，按成本构成，依靠各部门进行分项成本控制，发挥全方位控制的强大威力。在实施成本控制体系的过程中，不断修改、完善，建立包含所有成本构成内容的十大类 42 个管理办法，形成体系宏观控制、办法具体操作、相辅相成、配套实施的挖潜堵漏降成本格局。

⑤ 一体化考核体系。

制度贵在坚持，重在落实，关键在于考核兑现。建立一体化考核体系就是为了确保各项制度落实到位，实现考核奖罚真正兑现。成立由公司党政主要领导及主任组成的一体化考核委员会，下设考核办公室，全权负责整个企业各项工作的考核，以安全、标准化、成本、产量、机电管理、一通三防为主要考核内容，按切块工资的形式，量化考核，逐月兑现，使各项制度得到很好的落实，各级各类人员（包括领导干部）的行为全都处于制度的约束之下。在考核工作中做到了四个结合：一是定期考核与经常性考核相结合；二是结果考核与过程考核相结合；三是指标考核与管理考核相结合；四是数据考核与事实考核相结合。尤其要注意推进前者向后者的转变，致力于搞好对管理人员管理行为的考核。

推行系统管理模式后，煤化工企业绿色工厂的管理体系框架更加清晰明了，管理层能够根据国家乃至国际的形势及时做出调整，大大提升整个企业的管理水平。能够在符合各项规定的情况下，提升企业自身的影响力。

（3）实现管理整体优化，提高企业经济效益

通过大力实施五大管理体系，全面推行系统管理，在实践中积累了经验，取得了成效，尝到了甜头，实现了管理的整体优化，摆脱了"粗放式管理，低水平办厂"的模式，企业基础工作全面加强，抵御市场风险的能力显著提高，在我国加入WTO后直面国际市场竞争的强力挑战下，煤化工企业不仅逐步摆脱了经营困境，而且迅速进入良性发展轨道，企业经济效益有了很大提升。

① 企业管理。

五大体系得到有效实施，现代化管理方法正在逐步应用，制度建设、队伍建设、管理水平不断加强，企业基础管理整体优化。企业的经营决策水平、组织指挥能力、质量管理效果、成本管理手段、考核管理水平都有了较大程度的提高和好转。

除此之外，一体化考核体系的建立和完善，能够有效解决弹性考核、人情考核的问题，使煤化工企业的考核工作逐步实现系统化、程序化、数据化，各项制度真正落到实处，达到用制度约束企业和职工行为的目的。

管理创新有力地推动了技术创新的步伐。煤化工企业应该以科技进步为先导，以技术管理体系为依托，结合企业自身实际，全力组织实施国家重点科研攻关项目。

② 企业文化建设。

在维护职工群众切身利益的基础上，煤化工企业党政工团应齐抓共管，一方面精心打造企业文化，超前疏导化解矛盾，建立"321"后勤工作制和稳定工作例会制。通过党风信息反馈、工会意见反馈等多种途径，畅通民意渠道，倾听群众呼声，全方位加强与职工的沟通。另一方面应多办实事解决问题，解决员工住

房难、行车难、取暖难等一系列问题。通过绿化、美化、净化、硬化，使整个企业展现出一个全新的容貌，进而赢得职工群众的理解和支持，营造政通人和、治安稳定的"小环境"，使企业文化建设得到较大发展[6]。

在创建绿色工厂过程中，煤化工企业能够借此机会学习和适应与国际接轨的管理模式，管理方法，加快自身国际化步伐，提升自己的市场竞争力，从而使企业往更高的层次发展。

5.4 管理体系的认证

随着我国"双碳"工作的深入推进，碳达峰、碳中和已纳入生态文明建设整体布局，并成为实现绿色高质量发展的关键抓手。在推动经济社会发展、全面绿色转型的进程中，需要采用系统的思维方式全面分析面临的碳风险和机遇。同时，近些年随着国际贸易中碳壁垒政策和机制的迅速发展，更要坚持系统观念，坚持防范风险，提前做好应对之策。在此背景下，《碳管理体系要求》标准以生命周期碳管理为理念，采用风险和机遇思维，遵循"策划-实施-检查-改进"（PDCA）的持续改进管理原则，对各类组织开展碳管理活动、提升碳管理绩效提出了规范性要求。同时，标准适合各类组织的碳管理体系要求，可供第一方、第二方和第三方的各类机构使用。

该标准主要体现了四个方面的特点。

一是以传统的"监测、报告、核查（MRV）"碳管理理念为基础，基于生命周期观点和风险思维，采用 ISO 管理体系的结构和表达方式，以"提升碳绩效"为目标导向，采用 PDCA 循环运行、持续改进的模式，建立系统、全面、有效的碳管理体系，旨在进一步引导组织采用体系的思维方式全面分析组织面临的碳风险和机遇，并采取行动，助力实现国家"双碳"目标。

二是引导行业从特定机制下的碳管理模式向产品/服务生命周期过程的碳管理理念转变，在"设计、采购、生产、交付、使用、废弃、回收处置"的生命周期过程中识别碳管理重点，系统策划，有效运行，带动组织上下游供应链和产业链共同提升碳管理绩效。

三是在绿色低碳已成为"世界语言"背景下，采用 ISO 管理体系标准的表达方式，在 ISO 管理体系高阶结构的框架下，运用 ISO 14001 和 ISO 50001 核心要素和条款设计的理念，与其他管理体系更具兼容性，更利于后续组织应用，并为后续国际互认打好基础。

四是通过建立系统、全面、有效的碳管理体系并获得第三方认证，可有效规范组织碳排放数据的采集、分析、核算、报告、披露及其可信性，提升组织碳数据管理的准确性和完整性，促进政府、行业、金融机构、供应商以及社会组织等相关方的采信。同时，标准鼓励组织通过碳信息披露机制，引导公众从低碳消费的视角共同参与组织的碳管理，从消费端关注促进碳减排，并提升组织自身的品牌形象。

该标准由中环联合认证中心牵头负责，组织来自产学研用等 34 家单位共同完成。所以对煤化工企业来说，可以借此探索推进碳管理体系认证等合格评定活动，为各相关方建立碳管理信心，具有重要价值和意义[7]。

5.5　管理体系的一体化建设

5.5.1　管理体系一体化的内涵

管理体系一体化是一种新型的管理工作模式。其中，一体化指的是纵向一体化。从产业链角度看，管理体系一体化，就是企业能够提供整个产业链条上的两个或两个以上相继阶段的生产或服务。在此基础上，针对企业的各项经营和管理工作实行更加系统的管理措施，企业的生产和经营水平都能够得到有效提升。因此，越来越多的煤化工企业开始采用一体化管理体系对企业实施管理工作。

5.5.2　管理体系一体化的作用

（1）实现管理理念的转变

在煤化工企业的经营活动中，推行一体化管理体系，能够实现对企业多个管理体系的整合，解决当前企业存在的机构重叠和人浮于事的问题。在此基础上，促使本企业基层单位的管理层和工作人员逐步转变传统的管理工作理念，逐渐形成一体化管理思维，以促进企业管理工作效率的显著提升。

（2）促进企业经济效益的增长

在实施管理体系一体化后，企业的管理工作效率会出现较大幅度的变化，各项管理活动的工作效率和工作质量得到有效的改善，企业的经济效益得到进一步提升。最主要的原因，就是一体化管理能够有效提升企业的管理工作效率，帮助企业解决在经营活动中遇到的各种影响经济效益的问题。基于此，越来越多的煤化工企业开始采用一体化管理体系开展各项管理工作。

（3）获得良好的社会效益

在提升煤化工企业社会效益方面，管理体系一体化发挥了以下几方面的作用。第一，促进企业党建工作水平的提升。一体化管理体系能够促使党员干部与群众之间的交流和互动变得更加频繁，有效改善了干群关系和党群关系，进一步增强了企业的凝聚力和向心力，提升了企业在社会上的良好形象和声誉。第二，促进了企业的安全生产和环境保护工作。一体化管理体系中包括环境保护和生产安全保护方面的内容，因而采用一体化管理体系开展管理工作，能够实现对环境保护工作和生产安全保护工作的有效管理，使得煤化工企业的环境保护和安全生产水平得到有效的提升。从这一角度上看，管理体系一体化能够在提升煤化工企业社会效益方面发挥重要作用。

5.5.3 管理体系一体化中存在的问题

（1）整合目标不明确

首先，在管理体系一体化建设过程中，相当一部分煤化工企业并未在经营和管理工作战略中明确规定管理体系整合的目标。这种情况一方面会导致管理体系整合的难度加大，另一方面则会导致企业整合之后的管理体系徒有其表，难以发挥应有的作用。此外，部分煤化工企业并未在整合管理体系一体化的过程中确立一体化管理体系的构建原则，因而导致管理体系一体化的实际应用效果难以得到保障。

（2）管理状态不稳定

在构建一体化管理体系的过程中，煤化工企业需要组织本单位各个部门对原有的各种文件进行整理，并在这一基础上明确划分企业各个部门的职责和权限。但是在这一过程中，部分企业不能对自身的管理工作状态进行明确的评价，其主要的原因就是当前煤化工企业的风险评估和识别机制并不完善。在难以了解本企业管理状态的情况下，煤化工企业的管理工作效率难以得到有效提升。

（3）管理工作流程固化

在针对煤化工企业的管理体系问题进行研究时发现，部分煤化工企业在进行管理体系一体化建设的过程中，暴露出的重要问题之一就是管理工作流程固化。首先，煤化工企业存在管理工作流程过于行政化的问题。其原因之一就是我国石化企业长期受到计划经济体制的影响，并未彻底转变自身的管理理念和管理模式。其次，当前我国大多数煤化工企业采用的管理工作流程是由公司管理层对各个下属部门进行垂直管理。这种情况就导致各部门之间的交流和协作水平不高，影响了公司管理水平的进一步提升。

（4）一体化管理信息化水平不高

首先，相当一部分煤化工企业虽然开始应用计算机进行管理工作，但只是简单地将传统的管理流程进行计算机化，而并未对企业的管理方法和管理流程进行信息化改造。因此，当前煤化工企业的管理工作信息化水平存在比较大的提升空间。其次，部分煤化工企业虽然对管理工作进行了信息化改造，但是并未结合本企业具体情况开发相应的信息系统开展管理工作，因此也影响到企业管理信息化水平的快速提升。

5.5.4 加强管理体系一体化建设的对策

（1）明确整合目标

为保证管理体系一体化发挥应有的作用，煤化工企业需要明确自身的管理体系整合目标。具体来说，首先需要针对本企业所处的行业环境和自身具体情况进行全面的研究和分析，并在此基础上针对本企业的管理工作目标进行调整。其次，在调整管理目标的基础上，必须结合自身的实际情况形成关于本企业管理目标的文件，并将已经明确的管理目标融入企业的管理流程和管理制度中。只有如此，才能保证管理体系一体化的顺利进行。

（2）完善风险评价机制，确认管理状态

为明确企业的管理状态，煤化工企业需要建立并完善风险评估和识别机制。在具体措施方面，首先，企业需要针对运营过程中存在的各种类型风险进行全面研究，并分析风险的形成原因。在此基础上，针对不同类型的风险制定针对性的识别和评价机制。其次，在建立和完善风险评估机制的过程中，煤化工企业需要结合煤化工行业的特点，对只在煤化工企业中存在的风险进行重点分析和研究。只有如此，才能确保风险评估机制的合理性和针对性。

（3）梳理和优化管理工作流程

在建立管理体系一体化的过程中，煤化工企业需要针对管理工作流程进行梳理和优化。在具体措施方面，首先，煤化工企业需要对当前的管理工作流程进行全面梳理，了解管理工作流程中存在的过于行政化的管理工作环节，针对管理流程中存在的过于行政化的管理工作内容进行调整和创新。其次，在管理流程优化的过程中，煤化工企业需要对管理工作中出现的问题进行分析，并从管理流程角度分析产生管理问题的深层次原因。在此基础上，针对具体管理流程内容进行调整和创新，以确保管理体系一体化的顺利进行。

（4）加强管理体系信息化建设

在建设管理体系一体化的过程中，煤化工企业需要进一步加强信息化建设。

在具体措施方面，首先，企业需要在开展管理工作的过程中转变自身的管理思路和创新管理方法，针对计算机的应用方法进行调整。其次，煤化工企业需要结合自身的具体情况建立信息化管理系统，利用成熟的信息化管理系统开展管理工作，以进一步提升企业的管理水平[8]。

（5）整合绿色工厂管理要求和现有管理体系文件

管理体系虽然以不同形式和内容存在，但贯标的原则是一致的，那就是要在煤化工企业实际管理工作的基础上开展，不能脱离煤化工企业现有管理体系。对于绿色工厂评价绩效指标纳入考核指标，指标值的确定需充分考虑与原有指标的差异性和协同性。目标指标方案要以企业实际现状来确定，不能盲目追大，否则建立的管理体系就会被束之高阁。

通过将绿色工厂评价标准的相关要求融入煤化工企业现有的管理体系，一方面可以确保绿色工厂管理体系文件的有效执行；另一方面可以有效减少人员的重复性工作，如重复考核，避免考核指标的不一致和不完善。

工厂通过第三方机构认证，取得相关管理体系认证证书是提高性要求，属于加分项。工厂通过每年的第三方机构的现场审核，来确认工厂相关管理体系执行的程度和有效性，确保持续改进的方向。质量、环境、职业健康安全和能源管理体系应与绿色工厂管理有机结合、协同建设，夯实创建绿色工厂的基础，将在绿色工厂创建中起到非常重要的作用，从而助推绿色工厂提升绩效水平[9]。

参考文献

[1] 罗佐县，杨国丰．"双碳"目标下我国氢能产业发展路线研判［J］．当代石油石化，2022，30（1）：9.

[2] 俞敏．浅谈企业管理体系和绿色工厂管理的协同建设［J］．能源与环境，2019（6）：11-12.

[3] 鲁建良．长春燃气设计院现存质量管理体系研究［D］．长春：吉林大学，2018.

[4] 朱文静．基于 EVA-BSC 的 IN 软件公司绩效评价研究［D］．泰安：山东农业大学，2022.

[5] 夏科军．H 公司技术管理持续改进研究［D］．上海：上海交通大学，2017.

[6] 李平．建立五大管理体系，实现管理整体优化［C］//煤炭经济管理新论坛，2002：203-206.

[7] 探索推进碳管理体系认证《碳管理体系要求》团体标准发布［J］．上海质量，2022（7）：39.

[8] 谢荆江．石化企业一体化管理体系建设问题及其对策探析［J］．企业改革与管理，2021（17）：38-39.

[9] 杨檬，李胡升．《绿色工厂评价通则》国家标准解读［J］．信息技术与标准化，2019（7）：32-35.

第6章

煤化工企业绿色发展信息披露

　　"十四五"时期，我国生态文明建设进入以降碳为重点战略方向、推动减污降碳协同增效、促进经济社会发展全面绿色转型、实现生态环境质量改善由量变到质变的关键时期。目前，我国环境保护治理进入新阶段，绿色发展信息披露作为降低企业与利益相关者之间信息不对称的有效手段，是否可以赋予其经济价值，提高企业对环境保护的主动性是值得关注的议题。煤化工行业上市公司作为主要自然资源的消费者和污染物排放源，频繁工业化生产造成的化工污染使我国在环境保护上面临巨大挑战。企业发展与环境保护之间的不协调问题，成为我国在环境治理中面临的主要矛盾。探讨绿色发展信息披露有利于解决公司这一主要矛盾，企业在规范自身绿色发展信息披露行为的同时能减少管理层因追逐利益最大化对披露信息的抵触，从而为市场监督管理提供准确的环境信息，激发市场对绿色环境资源的配置整合作用，促进先进技术的研发应用和环境污染治理市场的发展。

　　绿色发展信息披露作为评估企业环境治理好坏的重要依据，逐渐成为学界关注的焦点。上市公司管理层为了缓解内外压力通常有选择性地披露内部环境信息，从而使得披露的内容具有一定的缺陷。除了强制性披露内容外，公司倾向于选择披露正面环境信息，提升公司社会声誉，搭建与利益相关者之间的友好"桥梁"，拓宽内部融资渠道，从而缓解可能因环保补偿产生的经营风险。在披露形式上，主要以年度报告和社会责任报告为主，采用定性与定量相结合模式进行披露。目前在披露形式上没有任何一种占有绝对优势，公司可根据自身性质选择披露形式。

　　对于公司内部治理方面而言，绿色发展信息披露能向市场传递积极的信号，绿色发展信息披露程度越高的公司，内部的筹资成本越低。绿色发展信息披露能够降低企业信息不对称问题，增强投资者信心，进而缓解企业融资约束问题。同时，绿色发展信息披露也能够显著抑制环境资源错配，提升资源使用率，对企业的财务绩效有积极影响作用。对于外部压力而言，公共压力、社会声誉，尤其是品牌声誉等因素会影响绿色发展信息披露的决策。全面披露环境信息可以更好地体现上市公司的社会责任感，加强公司与利益相关者之间的信息交流，降低利益相关者对公司财务绩效下滑的心理预期，提升公司形象，对降低公司成本、增加收益具有积极意义。化工行业上市公司作为环境治理的关键执行者，其绿色发展信息披露对国家环境治理理论创新和实践具有重要意义。目前，企业环境信息公开透明化程度低、披露制度不规范等问题层出不穷，而绿色发展信息披露状况也不理想，企业绿色发展信息披露水平总体较低。

绿色发展信息披露影响企业的机制可以从内、外两个角度来分析。就外部市场而言，一方面，根据市场信号传递理论和信息不对称理论，外部投资者所收集的企业环境信息通常会少于企业内部所掌握的，由于信息不对称的存在，管理层的绿色发展信息披露作为一种信号传递机制，能够帮助利益相关者进行决策，透明度高的信息披露会对投资者的心理预期产生积极影响，激发投资者的偏好心理。另一方面，由于环保项目投入大，周期长，短期内难以见效，企业分离所有权和经营权会导致经营者转向投资回报率高的项目，以此提升短期财务绩效；但目前国内环境保护管理趋向规范化，企业为了响应国家污染减排政策号召，积极开展绿色经营生产活动，环境信息透明化和公开化会降低信息获取的不确定性，有效减少代理成本的产生，提升企业财务绩效。就内部管理而言：企业主动披露完整的环境信息，不仅能够积累较好的社会声誉与品牌形象，形成无形资产，给投资者传递利好信息，影响投资者决策，具有短期价值效应，而且也优化了资源配置。生产资源的重新整合和管理能力升级可以提高能源使用率，降低生产运营成本（如能源消耗、废弃物处理成本、环境治理与恢复成本、排污费用等环境成本），获取新的市场机会和竞争优势，提高产品市场竞争力，实现可持续发展战略。因此，企业应该把绿色发展信息披露纳入日常经营管理之中，通过年报和社会责任报的披露形式，将信息传递给客户和投资者，明确对环境保护与治理的态度，强化大众信心。

6.1 绿色发展信息披露相关理论

6.1.1 信息不对称理论

信息不对称理论主要指在资本市场的经济活动中，不同的人对于信息的理解能力以及掌握能力存在差异性。对于掌握信息一方，其在市场经济活动中会占据较为有利的地位，而另一方，则处于被动的不利地位。该理论的主要精髓是，市场交易中卖方相比于买方掌握较多的信息，然而通过买卖的市场交易活动，掌握较多信息的一方会通过向信息缺乏一方传递信息而在竞争市场中获益，弥补信息不对称的问题。在资本市场上，信息不对称现象普遍存在，有学者以浅显的品牌商品广告为例对此进行充分的说明。按照信息不对称理论，人们对于品牌商品的追逐与崇尚在某种程度上说明了较一般商品而言，品牌产品向市场提供更为全面的信息，从而降低买卖双方的交易成本。在已有众多的研究中，不少学者基于信息不对称理论研究了资本市场中信息披露与资本成本的关系问题，认为部分上市公司向市场披露较为优质的信息，从而降低其与投资者之间的信息不对称，从而较其他公司而言，其融资成本得到了降低。

6.1.2 信号传递理论

在西方有不少财务学家提出，在资本市场上存在着信息不对称现象，上市公司需要通过信息披露行为向外界传递三种内部信息：利润、股利以及融资方面的信息，其中股利宣告是可信度以及可靠性较高的信号传递模式。Stephen Ross 在其研究中运用信号传递理论指出，企业内部的高层管理者掌握着更多的信息，其可以通过所了解的企业信息有选择性地（如公司的筹资计划、股票股利政策等）向外界潜在的投资者传递信息。在信息经济学中，委托方往往不具备企业信息优势，反而是代理方拥有企业的信息优势。信号传递理论认为在委托方和受托方存在信息不对称现象时，就会产生逆向选择。因此，公司管理当局需要对企业未来现金流量等内部信息进行充分的披露，以向市场传递公司发展的正确信号，保证股价的稳定性。由此可见增加信息披露能够较好地发挥信号的传递作用，从而减少可能由于信息不对称给企业经济运行带来的各类问题。公司可以通过信息披露向市场传递企业发展良好、经营稳定的好信息，使自身能够与其他不同类别的企业区分开来，吸引更多的投资者，增加股票流动性，降低公司的融资成本。对于不主动披露信息的公司，则会被市场认为其经营状况较差，所隐瞒的消息都是坏消息，公司会为了避免被市场低估而主动进行信息披露。

6.1.3 可持续发展理论

可持续发展概念是在世界自然保护同盟（IUCN）、联合国环境规划署（UN-EP）和野生动物基金会（WWF）于 1980 年共同发表的《世界自然保护大纲》中首次提出的。随后，1987 年世界环境与发展委员会（WCED）在《我们共同的未来》中将可持续发展明确定义为，"能满足当代人的需要，又不对后代人满足其需要的能力构成危害的发展。它包括两个重要概念：需要的概念，尤其是世界各国人民的基本需要，应将此放在特别优先的地位来考虑；限制的概念，技术状况和社会组织对环境满足眼前和将来需要的能力施加的限制"。该理论强调环境的重要性，认为环境与经济发展有着非常紧密的辩证关系，绝不可能以牺牲环境为代价而获得长期稳定的发展。它以自然资源和生态环境为前提，经济可持续发展为基础，社会的和谐进步为目标，谋求环境、经济和社会的共生互赢。

6.1.4 利益相关者管理理论

1984 年弗里曼在其出版的著作中提出利益相关者管理理论。利益相关者管理理论主要是指企业的经营管理者在经营活动中为平衡不同利益相关者的要求而进行的一系列管理活动。利益相关者管理理论不同于股东至上的传统观念，其认为，企业的发展与进步不仅仅取决于主要股东，也取决于企业其他人员（如公司员工、高层管理人员），包括塑造稳定环境的政府部门等，都为企业的发展贡献了一份力量。因此，企业应该追求各利益相关者的整体利益。利益相关者应该包括和企业经营具有直接关系的股东、债权人等，也应该包括和企业经营发展具有间接关系的政府、居民，甚至是自然环境等。企业存在于社会当中，其生存和发展都与整个社会息息相关，社会中不同的客体在企业的发展中扮演着不同的角色，都为企业的发展创造了稳定的环境。利益相关者并非简单的组合，不同利益相关者都以合理的身份存在于企业发展的历程中，发挥着不同的作用。投资者、债权人、顾客以及非政府组织等都是企业的利益相关者，然而不同的利益方对于企业的非财务信息具有不同的要求，这在某些方面促进了企业提高其非财务信息披露的水平。相关研究显示，投资者、债权人和顾客在做决策时越来越多地考虑到企业的非财务类信息。Ullmann（1985）在研究中用利益相关者管理理论分析了企业非财务信息披露的行为，其研究显示，企业的利益相关者力量越大，企业就能更积极地披露相关信息。[1-2]

6.2 绿色发展信息披露重要性

信息公开是全球公共管理的一大创新变革，将有利于推进政府、企业、公众等实现上下同欲。在推进工业绿色发展过程中，我国政策日益重视企业信息披露工作。绿色发展信息披露可帮助企业管理者制定兼顾环境和社会协调发展的决策，支撑企业树立环保形象；帮助政府部门掌握企业的环保业绩，作为有关科学决策与政策制定的参考依据；同时，便于社会公众、债权人、投资者等了解企业的环保情况，降低资本运营中的环保风险。建立健全企业绿色发展信息披露机制，推动企业绿色发展信息披露，是响应国家号召，推进企业深入贯彻落实绿色发展理念，加速实现企业高质量发展的重要举措。工业和信息化部高度重视企业开展信息披露工作，发布了《工业绿色发展规划（2016—2020）》，引导企业建立全面的绿色管理体系，将绿色理念贯穿于企业产品生命周期全过程，提升企业绿色化水平。树立了一批绿色标杆企业，为行业树立绿色发展标杆，引导企业建立绿色发展信息公开制度。企业绿色发展信息披露是企业以自我声明的方式，通过报告、网站等公开渠道向政府、社会/消费者、投资者公开企业在绿色发展方面的工作。企业应围绕产品全生命周期过程，将其绿色发展理念、战略方针及其产品设计、制造、使用、回收等多过程涉及的绿色发展信息进行全方位、多角度的披露，集中展示企业绿色制造先进经验和典型做法，不仅对企业自身有着重要的作用和意义，对于政府提升管理效能也是相当重要的[2]。

6.2.1　绿色发展信息披露对企业自身的重要性

对于企业自身而言，开展绿色发展信息披露，对于塑造企业品牌形象，加强企业环境管理，加快绿色发展转型有着深远的影响。

第一，企业披露绿色发展信息有助于树立企业绿色发展品牌和形象，扩大影响力。企业绿色发展信息披露体现出企业社会责任意识和担当，是对环境利益相关者的回应，这有利于保护企业利益和形象。通过开展企业绿色发展信息披露工作，向外界展示企业在绿色发展方面的努力和担当，既是落实国家政策的需要，也是帮助企业开展绿色发展体系建设，建立绿色发展品牌，扩大影响力的需要。

第二，企业披露绿色发展信息有助于增强企业环境与社会风险管理，规避环境风险。企业开展绿色发展信息披露，能够促进企业对环境和社会风险管理的加强，推动企业绿色发展能力的提升。树立企业责任担当的形象，对于回避风险、增加收益均发挥了重要的作用。

第三，企业披露绿色发展信息有助于促进企业实施针对性绿色改进，实现降本增效。企业绿色发展信息披露工作的不断深入，可以倒逼企业增强治理污染的紧迫感和责任感，推动企业加强环境管理，有针对性地进行绿色化改进，实现节能高效绿色化生产，遏制污染治理成本外部化的转嫁行为，实现达标排放。

第四，企业披露绿色发展信息有助于提高企业绿色发展信息透明度，降低融资难度。企业披露全面的绿色发展信息，帮助投资人更容易掌握企业信息，提升投资人投资效率。企业提高绿色发展信息披露水平是其响应国家政策、承担社会责任的具体体现，是企业信用等级和企业声誉提升的重要方式，能够更容易让外部了解企业的环境绩效信息以及环境风险，促使债务融资成本的降低。

6.2.2 绿色发展信息披露对政府管理的重要性

对于政府而言，企业建立信息公开制度，积极披露企业绿色发展信息，能够促进政府、企业、公众等利益相关者互通有无，避免不必要的误解与矛盾。只有企业环境信息透明化，政府部门才能在企业监管中有的放矢。

第一，企业绿色发展信息披露有助于政府降低监管成本，提高政府的监督管理水平，是"放管服"背景下更好的管理选择。在欧美发达国家，企业绿色发展信息披露已发展成为政府重要的管理手段之一，并取得良好的效果。政府通过企业自主披露的绿色发展信息，可有效进行监督管理。同时，企业披露的环境信息，尤其是负面环境信息，受到公众和媒体的广泛关注和重视，社会舆论在一定程度上能够把环境污染监管的压力及时传导给各级政府和各相关部门，弥补政府监管力量不足等问题，提升管理效率。

第二，企业绿色发展信息披露有助于政府科学化制定政策，推进政府管理民主化。保护环境是政府的一项重要职责，环境保护问题复杂而多变，政府只有掌握确切的环境状况、特征和变化情况，才有可能做出科学的分析决策。通过企业披露的环境信息，了解各行业企业环境管理水平和各类污染物环境排放水平，有针对性地制定完善的环境监督管理办法，为政府日常监督管理提供科学合理的依据，实现环境监管治理有理有据。

第三，企业绿色发展信息披露有助于政府明确管理对象差异，提升政府执政管理的有效性。企业绿色发展信息披露不仅可以用于政府进行环境监督管理，还可应用于其他领域。政府可以通过企业披露的环境信息评估企业环境表现，将企业环境表现的好坏作为政府差异化执政的一个参考，通过实行差异化补贴、差别征收水电费、环保税优惠等方式，促使真正爱护环境的企业获取更多的优惠，进一步促进企业节能减排，绿色生产，形成良性循环。

第四，企业绿色发展信息披露有助于提高政府在绿色金融发展中的作用效率，推动绿色金融更好地服务实体经济高质量发展。外部性、公共物品和信息不对称等市场失灵问题，是当今绿色金融发展过程中比较突出的问题，需要政府发挥"看得见的手"的作用，这是政府与绿色金融发展之间的逻辑。企业开展绿色发展信息披露，有助于推动建立绿色信用评价体系和环境信息公开体系，强化政府对金融机构的绿色金融绩效考察与评价，明确企业绿色项目的认定标准和边界，解决绿色金融发展市场的失灵问题，推进绿色项目标准对行业标准的引领，实现经济显著增长与环境显著改善双赢的绿色高质量发展。

第五，企业绿色发展信息披露是政府推进绿色发展的重要成果，是行业绿色高质量发展的必然选择。践行绿色发展理念，建立企业绿色发展信息披露制度，推进企业绿色发展信息披露规范化、常态化，构建公开、透明的市场环境，推动行业健康、稳定、长远发展，是政府深入推进绿色发展的缩影和体现，是顺应国家绿色发展政策、倡导生态文明建设的重要体现。

6.2.3 绿色发展信息披露对公众的重要性

公众参与环境决策已成为社会发展的必然趋势。因为环境问题是社会公共问题，环境保护活动的开展涉及多数人的利益，需要各方的共同努力，尤其是社会公众的积极参与，而实现这种合作与参与的一个基本前提便是公众对相关环境信息的获知。公众参与环境管理的目的是要让公众在环境管理体系中起到促进与制衡的作用，知情的公众必然要求在环境信息方面享有对称的权利，要求政府公开相关信息。

第一，企业披露绿色发展信息有助于提升公众环境监督管理的参与度，促进政府或企业环境管理能力的提升。对公众而言，知情的公众对问题更敏感，更善于对政府或者决策者的假设质疑。环境信息的公开会使承担环境污染风险的公众对污染或个人进行监督，公众舆论会促使政府加强对污染或个人的环境管理，防止更大的污染事故发生，从而促进环境保护和社会经济的可持续发展。

第二，企业披露绿色发展信息有助于消费者全面了解企业信息，消除消费者对企业的误解，提升企业产品市场占有率。企业披露充分的信息，对消费者而言，能够帮助消费者了解企业绿色产品设计制造、绿色工厂生产排放等重要信息，能够避免或减少自己可能受到的伤害，也可以避免或减少由个人行为引起对他人造成的环境损害。

第三，企业披露绿色发展信息有助于降低金融投资成本，避免因高风险投资而造成巨大损失。投资者作为公众的一部分，对投资者而言，企业绿色发展信息披露能够有效改善资本市场的信息环境。债权人在进行决策时会充分考虑借款企业的环境风险。良好的信息披露将更清晰、及时、准确地告知投资人企业经营状况等相关信息，以防止由于信息不对称、不透明引起的纠纷及风险事件；同时，加强风险提示，帮助投资人提高风险识别能力，理性投资。

总而言之，企业开展绿色发展信息披露不仅对企业自身发展有利，如有利于企业树立绿色品牌形象，避免环境违规，促进企业绿色发展转型升级等，对于政府降低监管成本，科学民主决策以及全面推进绿色制造，加快建设生态文明也具有重大意义。同时，对于满足公众参与环境监督、提升环境意识、降低投资风险同样重要。[3]

6.3 绿色发展信息披露内容

《企业环境信息依法披露管理办法》已于 2021 年 11 月 26 日由生态环境部审议通过，其规定企业披露内容如下。

（1）企业环境信息依法披露格式准则

生态环境部负责制定企业环境信息依法披露格式准则（以下简称准则），并根据生态环境管理需要适时进行调整。企业应当按照准则编制年度环境信息，依法披露报告和临时环境信息，并上传至企业环境信息依法披露系统。

（2）企业年度环境信息披露内容

企业年度环境信息依法披露报告应当包括以下内容：

① 企业基本信息，包括企业生产和生态环境保护等方面的基础信息；

② 企业环境管理信息，包括生态环境行政许可、环境保护税、环境污染责任保险、环保信用评价等方面的信息；

③ 污染物产生、治理与排放信息，包括污染防治设施，污染物排放，有毒有害物质排放，工业固体废物和危险废物产生、储存、流向、利用、处置、自行监测等方面的信息；

④ 碳排放信息，包括排放量、排放设施等方面的信息；

⑤ 生态环境应急信息，包括突发环境事件应急预案、重污染天气应急响应等方面的信息；

⑥ 生态环境违法信息；

⑦ 本年度临时环境信息依法披露情况；

⑧ 法律法规规定的其他环境信息。

（3）实施强制性清洁生产审核的企业

实施强制性清洁生产审核的企业披露年度环境信息时，除了披露规定的企业年度环境信息外，还应当披露以下信息：

① 实施强制性清洁生产审核的原因；

② 强制性清洁生产审核的实施情况、评估与验收结果。

（4）上市公司和发债企业

上市公司和发债企业披露年度环境信息时，除了披露规定的环境信息外，还应当按照以下规定披露相关信息：

① 上市公司通过发行股票、债券，存托凭证，中期票据，短期融资券，超短期融资券，资产证券，银行贷款等形式进行融资的，应当披露年度融资形式、金额、投向等信息，以及融资所投项目的应对气候变化、生态环境保护等相关信息；

② 发债企业通过发行股票、债券，存托凭证，可交换债，中期票据，短期融资券，超短期融资券，资产证券，银行贷款等形式融资的，应当披露年度融资形式、金额、投向等信息，以及融资所投项目的应对气候变化、生态环境保护等相关信息；

③ 上市公司和发债企业属于强制性清洁生产审核企业的，还应当按照上文规定披露相关环境信息。

（5）企业发生突发环境事件

企业应当自收到相关法律文书之日起五个工作日内，以临时环境信息依法披露报告的形式，披露以下环境信息：

① 生态环境行政许可准予、变更、延续、撤销等信息；

② 因生态环境违法行为受到行政处罚的信息；

③ 因生态环境违法行为，其法定代表人、主要负责人、直接负责的主管人员和其他直接责任人员被依法处以行政拘留的信息；

④ 因生态环境违法行为，企业或者其法定代表人、主要负责人、直接负责的主管人员和其他直接责任人员被追究刑事责任的信息；

⑤ 生态环境损害赔偿及协议信息。

（6）其他

① 企业未产生本办法规定的环境信息的，可以不予披露；

② 企业可以根据实际情况对已披露的环境信息进行变更，进行变更的，应当以临时环境信息依法披露报告的形式变更，并说明变更事项和理由；

③ 企业应当于每年3月15日前披露上一年度1月1日至12月31日的环境信息。

6.4 绿色发展信息披露要点

6.4.1 建立健全信息，依法强制性披露规范要求

（1）明确环境信息强制性披露主体

依据有关法律法规等规定，下列企业应当开展环境信息强制性披露：重点排

污单位；实施强制性清洁生产审核的企业；因生态环境违法行为被追究刑事责任或者受到重大行政处罚的上市公司、发债企业；法律法规等规定应当开展环境信息强制性披露的其他企业事业单位。

（2）确定环境信息强制性披露内容

依据有关法律法规等规定，明确企业环境信息强制性披露内容和范围，全面反映企业遵守生态环境法律法规和环境治理的情况。建立动态调整机制，根据改革实践和工作需要，及时完善环境信息强制性披露内容。落实国家安全政策，涉及国家秘密的以及重要领域关键核心技术的，企业依法依规不予披露。

（3）及时披露重要环境信息

强化重要环境信息披露，企业发生生态环境相关行政许可事项变更、受到环境行政处罚、因生态环境违法行为被追究刑事责任、突发生态环境事件、生态环境损害赔偿等对社会公众及投资者有重大影响或引发市场风险的环境行为时，应当及时向社会披露。

（4）完善环境信息强制性披露形式

环境信息强制性披露应采用易于理解、便于查询的方式及时自行开展，同时传送至环境信息强制性披露系统，做到信息集中、完备、可查。属于重点排污单位、实施强制性清洁生产审核的上市公司、发债企业，应当在年报等相关报告中依法依规披露企业环境信息。因生态环境违法行为被追究刑事责任或者受到重大行政处罚的上市公司、发债企业，应当在规定期限内持续披露企业环境信息。

（5）强化企业内部环境信息管理

引导企业规范工作规程，使用符合监测标准规范要求的环境数据，优先使用符合国家监测规范的污染物自动监测数据、排污许可证执行报告数据，科学统计归集环境信息。企业披露的环境信息应当真实、准确、完整，不得有虚假记载、误导性陈述或者重大遗漏。

6.4.2 建立环境信息，依法强制性披露协同管理机制

（1）依法明确环境信息强制性披露企业名单

市（地）级生态环境部门会同相关部门严格按照有关法律法规等规定，合理确定本行政区域内环境信息强制性披露企业名单。企业名单动态更新并及时向社会公开。涉及有关中央管理企业所属企业的，由所在地市（地）级生态环境部门依法将其纳入名单。对不按规定确定环境信息强制性披露企业名单的地方生态环境等部门，依法依规追究责任。

（2）强化环境信息强制性披露行业管理

生态环境部门加强管理，协调各有关部门做好环境信息强制性披露相关工作。工业和信息化部门将环境信息强制性披露纳入绿色工厂和绿色制造评价体系，鼓励重点企业编制绿色低碳发展报告。国有资产监督管理部门指导督促所监管企业带头做好环境信息强制性披露工作，树立行业标杆。人民银行、证券监督管理部门在金融风险管控体系、绿色金融改革创新试验区等工作中，落实环境信息依法披露制度。鼓励行业协会指导会员企业做好环境信息披露工作。

（3）建立环境信息共享机制

市（地）级以上生态环境部门依托官方网站或其他信息平台，设立企业环境信息强制性披露系统，集中公布企业环境信息强制性披露内容，供社会公众免费查询。建立信息共享机制，市（地）级以上生态环境部门及时将企业环境信息强制性披露情况及监督执法结果等信息共享至同级信用信息共享平台，金融信用信息基础数据库，并转送至同级有关管理部门。

6.4.3 健全环境信息，依法强制性披露监督机制

（1）强化依法监督

加强信息披露与执法机制一体化建设，生态环境部门将企业环境信息强制性披露情况纳入监督执法，相关部门根据自身职责加强监督，及时受理社会公众举报，依法查处并公开企业未按规定披露环境信息的行为。依法健全严惩重罚机制，对环境信息披露不及时、不规范、不准确的企业，督促其及时补充披露环境信息，并依法依规追究责任。检察机关立足检察职能，加强对企业环境信息依法披露的专门监督。充分利用有关工作信息，运用大数据、人工智能等技术手段，提升监督能力。

（2）纳入信用监督

将环境信息强制性披露纳入企业信用管理，作为评价企业信用的重要指标，将企业违反环境信息强制性披露要求的行政处罚信息记入信用记录，有关部门依据企业信用状况，依法依规实施分级分类监管。

（3）加强社会监督

充分发挥社会监督作用，畅通投诉举报渠道，引导社会公众、新闻媒体等对企业环境信息强制性披露进行监督。鼓励企业以开放日等形式向社会公众开放。

煤化工行业
绿色工厂创建与评价

6.4.4 加强环境信息披露法治化建设

（1）完善相关法律法规

推动在相关法律法规制度修订中健全环境信息强制性披露的规定。生态环境部牵头制定环境信息依法披露管理办法。省级人民政府可根据工作需要制定地方性环境信息依法披露规章制度。建立健全重大环境信息披露请示报告制度。

（2）健全相关技术规范

生态环境部门牵头制定企业环境信息依法披露格式准则。工业和信息化部门在相关行业规范条件中，增加环境信息强制性披露要求。证券监督管理部门修订上市公司信息披露有关文件格式，将环境信息强制性披露要求纳入上市公司发行环节，在招股说明书等申报文件中落实相关要求。国家发展改革委、人民银行、证券监督管理部门将环境信息强制性披露要求纳入企业债券、公司债券、非金融企业债务融资工具的信息披露管理办法中，修订发债企业信息披露有关文件格式。

（3）落实企业守法义务

强化企业依法披露环境信息的强制性约束，加大对环境信息弄虚作假、违法违规的处罚力度。企业未按照规定履行信息披露义务，或所披露信息存在虚假记载、误导性陈述或者重大遗漏，致使利益相关者遭受损失的，应依法承担赔偿责任。加强对企业的宣传和培训，提高企业责任意识和守法意识。

（4）鼓励社会提供专业服务

完善第三方机构参与环境信息强制性披露的工作规范，引导咨询服务机构、行业协会商会等第三方机构为企业提供专业化信息披露市场服务，对披露的环境信息及相关内容提供合规咨询服务。鼓励市场评级机构将环境信息强制性披露纳入发债企业信用评级与跟踪评级指标[4]。

6.5 绿色发展信息披露完善策略

（1）建立健全环境信息披露制度，发挥带头作用

目前我国企业环境信息披露整体处于较低水平，一方面是因为环境信息披露制度法规有待完善，另一方面是因为企业披露环境信息的自觉性不够。从外部机制看，政府部门需完善顶层设计，建立环境信息披露监管系统，构建完善的环境信息披露评级制度，加强环境信息披露管理，鼓励上市企业主动披露环境信息和

建立环境管理档案，对企业环境信息披露予以科学评价。从内部机制看，环境信息披露与公司财务绩效之间关系密切，上市公司应发挥带头作用，传递出企业积极承担社会责任的良好形象，进而对财务绩效的增长起到正向的驱动作用。

（2）对不同产权性质的企业实施差异化策略

由于产权性质在环境信息披露与企业财务绩效的关系中具有正向调节作用，针对不同产权性质公司应实施差异化策略。对于国有控股企业而言，应制定全面完整的信息披露制度体系，形成良好的信息披露市场环境，带动非国有企业在响应和执行国家环保政策方面的积极性。对于非国有控股企业而言，应积极引导相关投资者由唯利润论的投资理念向环境绩效与经营绩效并重的绿色投资理念转型，督促公司完善信息披露行为，强化市场竞争力。

（3）形成企业环境信息披露"质量-数量-内容"三维体系构建

我国企业的环境信息披露体系不应该是单一维度的衡量评价，而应采用多维度分析，形成在披露的质量、数量以及内容上有高度的集中统一。首先，质量上应注重信息披露的完整性和时效性，及时有效地对公众发布环境信息，全部环境信息应公开透明化。其次，企业环境信息披露应该实现会计信息的可比性，且要有一定的评价标准，并能以一定的数据进行合理清晰的统计和分析。最后，内容上企业要有量化的标准或具体的指标系数进行环境信息披露质量评价，实现企业财务绩效的可持续性提升[5]。

参考文献

[1] 谢宜章，唐辛宜，吴菁琳．环境信息披露对企业财务绩效的影响——基于沪深 A 股化工行业上市公司的经验分析 [J]．湖南农业大学学报（社会科学版），2022，23（4）：115-124.

[2] 郑应友，侯霞．完善碳信息披露与共享体制机制研究——基于企业绿色发展视角的分析 [J]．价格理论与实践，2021（12）：155-158.

[3] 王志高，贾宇虹．绿色发展驱动下企业碳信息披露影响因素研究 [J]．环境保护与循环经济，2020，40（4）：7-13.

[4] 涂姣．上市公司非财务信息披露对资本成本的影响研究 [D]．兰州：兰州大学，2016.

[5] 李骏辉，赵明楠．企业绿色发展信息披露的重要性影响研究 [J]．中国信息化，2020（12）：93-94.

第 **7** 章

煤化工行业绿色工厂评价指标体系构建及评价

7.1 评价指标体系构建的原则

　　绿色工厂应在保证产品功能、质量以及生产过程中人的职业健康安全的前提下，引入生命周期思想，优先选用绿色原料、工艺、技术和设备，满足基础设施、管理体系、能源与资源投入产品、环境排放、绩效的综合评价要求，并进行持续改进。绿色工厂评价体系框架如图 7.1 所示。

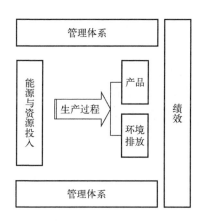

图 7.1　绿色工厂评价体系框架

　　从体系框架的逻辑来看，基础设施和管理体系是工厂在基建层面和管理层面的基础，能源与资源是工厂生产运行的输入，通过生产过程实现输出，产品是工厂的正面输出，对环境的排放是工厂的负面输出。绩效部分则是对于工厂在用地集约化、原料无害化、生产洁净化、废物资源化、能源低碳化方面的可量化评价。

绿色工厂评价指标采取定性与定量相结合、过程与绩效相结合的方式，形成完整的综合性评价指标体系。一级指标包括基本要求以及基础设施、管理体系、能源与资源投入、产品、环境排放、绩效 6 个方面的具体评价要求。基本要求为工厂参与评价的基本条件，不参与评分；其他方面为具体评价要求，通过评分来判断工厂满足要求的程度。具体评价要求分为必选要求和可选要求，必选要求为要求工厂应达到的基础性要求，必选要求不达标不能评价为绿色工厂；可选要求为希望工厂努力达到的提高性要求，具有先进性，依据受评工厂的实际情况确定可选要求的满足程度。

　　（1）客观可行性原则

　　首先，评价指标应当客观描述企业在某一时期的绿色化水平，有效反映一定时期内企业与社会、经济、环境三大子系统相互影响的变化趋势。明确工厂自身绿色发展的具体水平，处于哪个发展阶段，有利于有效评价和判断工厂绿色化发展情况。评价指标尽量以定量指标为主。由于定性指标在衡量过程中会受到评价人员的主观影响，较难评判，而定量指标根据现有统计资料即可得出结论，更为客观且易操作。

　　其次，评价指标必须是可行的，应在保证评价工作质量的基础上尽量简化指标。由于生产条件不同、统一评价标准缺失等客观问题的存在，评价指标体系过于复杂可能会导致实际评价工作缺乏可操作性。因此，评价指标应尽量使用日常易获取指标，确保所需的数据资料可获得、数据资料分析工作易于进行。

　　（2）定性定量相结合原则

　　定量分析主要分析比较被评价工厂绿色化情况，将研究的结果用"数量"加以描述，而定性分析主要是对那些没有或者不存在完备的资料和数据的单位节能减排情况进行主观评价。定性定量相结合的原则要求一般包括：其一，对研究的问题要进行充分的定性分析，用评价人员自身专业的实践经验，进行主观分析以及判断，从而推测出指标的性质及其变化趋势；其二，指标体系构建应包含定性定量两部分，定量分析能够让定性分析更加科学、准确。

　　（3）动态前瞻性原则

　　工厂绿色化面临的问题都是复杂的决策问题，且是动态的，因此在建立绿色工厂评价指标体系时，需要我们考虑其动态性，即构建的指标体系不仅应包含能反映工厂绿色化现状的静态指标，而且更应包含能够反映其变化趋势的动态指标。只有着眼于未来的可持续发展趋势，才能有效地对绿色工厂进行评价。

　　（4）部分与整体相结合原则

　　绿色工厂评价指标要能评价和反映绿色工厂系统的各个方面，全面反映社会、经济、环境与绿色工厂的相互关系，并有机联合起一系列相关的指标。同时，各类指标要用有代表性的指标来表示，体现指标的层次性。绿色工厂评价指标体系作为一个整体，要对其进行评价则需要从多个部分着手，层层进行数据的收集统计，之后进行分析评价，才能达到最终评价的结果。

（5）适应性原则

传统的平衡计分卡思想主要应用于对企业的绩效评估，在针对绿色工厂评价时，在研究过程中应该注意平衡计分卡的思想应与具体研究对象相结合，维度的划分要和工厂的实际情况相适应。在应用平衡计分卡构建绿色工厂评价指标体系的过程中，必须坚持上述原则，才可以达到战略和监督效能指标的高度相关，体现出平衡计分卡的核心价值。

（6）综合性与层次性相结合

煤化工绿色工厂建设本身是一个庞大的复杂工程，评价指标须能完整反映煤化工绿色工厂建设的方方面面，具有综合性特点。同时面对庞大的评价内容，为了便于理解与操作，评价指标的设计还应当按照一定的逻辑关系进行分层设计，即根据考察内容的多寡分为多个层次。一般来说，高层次指标是进行总括反映的，低一级层次的指标是对高一级层次指标的具体解释和说明[1]。

7.2 评价指标体系构建的思路

在基础合规性与相关要求方面，绿色工厂应依法设立，在建设和生产过程中应遵守有关法律、法规、政策和标准，近三年（含成立不足三年）无较大及以上安全、环保、质量等事故。对利益相关方的环境要求做出承诺的，应同时满足有关承诺的要求。

在最高管理者方面，一是最高管理者要证实在绿色工厂方面的领导作用和承诺，包括对绿色工厂的有效性负责；确保建立绿色工厂建设、运维的方针和目标，并确保其与组织的战略方向及所处的环境相一致；确保将绿色工厂要求融入组织的业务过程；确保可获得绿色工厂建设、运维所需的资源；就有效开展绿色制造的重要性和符合绿色工厂要求的重要性进行沟通；确保工厂实现其开展绿色制造的预期结果；指导并支持员工对绿色工厂的有效性做出贡献；促进持续改进；支持其他相关管理人员在其职责范围内证实其领导作用。二是最高管理者要确保在工厂内部分配并沟通与绿色工厂相关角色的职责和权限，至少应包括确保工厂建设、运维符合本标准的要求，收集并保持工厂满足绿色工厂评价要求的证据；向最高管理者报告绿色工厂的绩效。

在工厂运行管理方面，绿色工厂应设立专有管理机构，负责有关绿色工厂的制度建设、实施、考核及奖励工作，建立目标责任制；应有开展绿色工厂的中长期规划及年度目标、指标和实施方案，可行时，指标应明确且可量化；应传播绿色制造的概念和知识，定期为员工提供绿色制造相关知识的教育、培训，并对教育和培训的结果进行考评。

绿色工厂评价指标体系构建应遵循评价指标体系构建的相关原则，相关指标参照《绿色工厂评价通则》及相关政策、规划提出的绿色工厂设置评价体系中的各级指标。

7.2.1 评价指标体系一级指标构建

2021年12月3日，工信部印发《"十四五"工业绿色发展规划》（以下简称《规划》），提出到2025年碳排放强度持续下降，单位工业增加值二氧化碳排放下降18%；污染物排放强度显著下降，重点行业主要污染物排放强度降低10%，规模以上工业单位增加值能耗降低13.5%，乙烯等重点工业产品单耗达到世界先进水平；大宗工业固废综合利用率达到57%，主要再生资源回收利用量达到4.8亿吨。单位工业增加值用水量降低16%，推广万种绿色产品，绿色环保产业产值达到11万亿元。

（1）实施工业领域碳达峰行动方面

《规划》提出：制定工业领域和石化化工等重点行业碳达峰实施方案，统筹谋划碳达峰路线图和时间表。

基于流程型、离散型制造的不同特点，明确石化化工等行业的主要碳排放生产工序或子行业，提出降碳和碳达峰实施路径。推动煤炭等化石能源清洁高效利用，提高可再生能源应用比例。加快氢能技术创新和基础设施建设，推动氢能多元利用。支持企业实施燃料替代，加快推进工业煤改电、煤改气。对以煤、石油焦、渣油、重油等为燃料的锅炉和工业窑炉，采用清洁低碳能源替代。通过流程降碳、工艺降碳、原料替代，实现生产过程降碳。发展绿色低碳材料，推动产品全生命周期减碳。探索低成本二氧化碳捕集、资源化转化利用、封存等主动降碳路径。

有序开展对氧化亚氮、氢氟碳化物、全氟化碳、六氟化硫等其他温室气体排放的管控。落实《〈蒙特利尔议定书〉基加利修正案》，启动聚氨酯泡沫、挤出基苯乙烯泡沫、工商制冷空调等重点领域含氢氯氟烃淘汰管理计划，加强生产线改造、替代技术研究和替代路线选择，推动含氢氯氟烃削减。

工业碳达峰推进工程包括：开展二氧化碳耦合制化学品、可再生能源电解制氢、百万吨级二氧化碳捕集利用与封存等重大降碳工程示范。发展聚乳酸、聚丁二酸丁二醇酯、聚羟基烷酸、聚有机酸复合材料、椰油酰氨基酸等生物基材料。

（2）推进产业结构高端化转型方面

《规划》提出加快石油化工等行业实施绿色化升级改造，推进城镇人口密集区危险化学品生产企业搬迁改造。落实能耗"双控"目标和碳排放强度控制要求，推动重化工业减量化、集约化、绿色化发展。对于市场已饱和的"两高"项目，主要产品设计能效水平要对标行业能耗限额先进值或国际先进水平。严控尿素、磷铵、电石、烧碱、黄磷等行业新增产能，新建项目应实施产能等量或减量置换。强化环保、能耗、水耗等要素约束，依法依规推动落后产能退出。

（3）加快能源消费低碳化转型方面

《规划》提出鼓励氢能、生物燃料、垃圾衍生燃料等替代能源在化工等行业的应用。严格控制煤化工等主要用煤行业煤炭消费，鼓励有条件地区新建、改扩建项目实行用煤减量替代。

加快重点用能行业的节能技术装备创新和应用，持续推进典型流程工业能量系统优化。重点推广石油化工行业原油直接生产化学品、先进煤气化等先进节能工艺流程。

（4）促进资源利用循环化转型方面

《规划》提出加强钢铁、有色金属、建材、化工企业间原材料供需结构匹配，促进有效、协同供给，强化企业、园区、产业集群之间的循环链接，提高资源利用水平。推进尾矿、粉煤灰、工业副产石膏、化工渣等大宗工业固废规模化综合利用。推动钢铁窑炉、水泥窑、化工装置等协同处置固废。

根据《规划》，石油化工行业清洁生产改造工程包括：实施高效催化、过程强化、高效精馏等工艺技术改造，以及废盐焚烧精制、废硫酸高温裂解、高级氧化、微反应、煤气化等装备改造。

7.2.2 评价指标体系二、三级指标构建

为加快推进制造强国建设，实施绿色制造工程，积极构建绿色制造体系，由工业和信息化部节能与综合利用司提出，中国电子技术标准化研究院联合钢铁、石化、建材、机械、汽车等重点行业协会、研究机构和重点企业等共同编制的《绿色工厂评价通则》（GB/T 36132—2018）国家标准正式发布。这是我国首次制定发布绿色工厂相关标准。

标准明确了绿色工厂术语定义，从基本要求、基础设施、管理体系、能源资源投入、产品、环境排放、绩效等方面，按照"厂房集约化、原料无害化、生产洁净化、废物资源化、能源低碳化"的原则，建立了绿色工厂系统评价指标体

系，提出了绿色工厂评价通用要求。标准的发布将有利于引导广大企业创建绿色工厂，推动工业绿色转型升级，实现绿色发展。

（1）基础建筑

工厂的建筑应满足国家或地方相关法律法规及标准的要求，并从建筑材料、建筑结构、采光照明、绿化及场地、再生资源及能源利用等方面进行建筑的节材、节能、节水、节地、无害化及可再生能源利用。适用时，工厂的厂房应尽量采用多层建筑。

（2）照明

工厂的照明应满足以下要求：

① 工厂厂区及各房间或场所的照明应尽量利用自然光，人工照明应符合 GB 50034 规定；

② 不同场所的照明应进行分级设计；

③ 公共场所的照明应采取分区、分组与定时自动调光等措施。

（3）设备设施

① 专用设备。专用设备应符合产业准入要求，降低能源与资源消耗，减少污染物排放。

② 通用设备。通用设备应符合以下要求：适用时，通用设备应采用效率高、能耗低、水耗低、物耗低的产品；已明令禁止生产、使用的和能耗高、效率低的设备应期限淘汰更新；通用设备或其系统的实际运行效率或主要运行参数应符合该设备经济运行的要求。

③ 计量设备。工厂应依据 GB 17167—2006 和 GB 24789—2009 等要求配备、使用和管理能源、水以及其他资源的计量器具和装置。能源及资源使用的类型不同时，应进行分类计量。

④ 污染物处理设备设施。必要时，工厂应投入适宜的污染物处理设备，以确保其污染物排放达到相关法律法规及标准要求。污染物处理设备的处理能力应与工厂生产排放相适应，设备应满足通用设备的节能方面的要求。

（4）管理体系

① 一般要求。工厂应建立、实施并保持质量管理体系和职业健康安全管理体系。工厂的质量管理体系应满足 GB/T 19001—2016 的要求，职业健康安全管理体系应满足 GB/T 28001—2011 的要求。

② 环境管理体系。工厂应建立、实施并保持环境管理体系。工厂的环境管理体系应满足 GB/T 24001—2016 的要求。

③ 能源管理体系。工厂应建立、实施并保持能源管理体系。工厂的能源管理体系应满足 GB/T 23331—2020 的要求。

（5）能源与资源投入

① 能源投入。工厂应优化用能结构，在保证安全、质量的前提下减少不可再生能源投入，宜使用可再生能源替代不可再生能源，充分利用余热余压。

② 资源投入。工厂应按照 GB/T 7119—2018 的要求开展节水评价工作，且满足 GB/T 18916—2018（所有部分）中对应本行业的取水定额要求。

工厂应减少材料，尤其是有害物质的使用，评估有害物质及化学品减量使用或替代的可行性，宜使用回收料、可回收材料替代原生材料和不可回收材料，宜替代或减少全球增温潜势较高温室气体的使用。工厂应按照 GB/T 29115—2012 的要求对原材料使用量的减少进行评价。

③ 采购。工厂应制定并实施包括环保要求的选择、评价和重新评价供方的准则。必要时，工厂向供方提供的采购信息应包含有害物质使用、可回收材料使用、能效等环保要求。工厂应确定并实施检验或其他必要的活动，以确保采购的产品满足规定的采购要求。

（6）产品

① 一般要求。工厂宜生产符合绿色产品要求的产品。

② 生态设计。工厂宜按照 GB/T 24256—2009 对生产的产品进行生态设计，并按照 GB/T 32161—2015 对生产的产品进行生态设计产品评价。

③ 有害物质的使用。工厂生产的产品应减少有害物质的使用，避免有害物质的泄漏。

④ 节能。工厂生产的产品若为用能产品或在使用过程中对最终产品/构造的能耗有影响的产品，适用时，应满足相关标准的限定值要求，并努力达到更高能效等级。

⑤ 减碳。工厂宜采用适用的标准或规范对产品进行碳足迹核算或核查，核查结果宜对外公布，并利用核算或核查结果对其产品的碳足迹进行改善。适用时，产品宜满足相关低碳产品的要求。

⑥ 可回收利用率。工厂宜按照 GB/T 20862—2007 的要求计算其产品的可回收利用率，并利用计算结果对产品的可回收利用率进行改善。

（7）环境排放

① 大气污染物。工厂的大气污染物排放应符合相关国家标准、行业标准及地方标准要求，并满足区域内排放总量控制要求。

② 水体污染物。工厂的水体污染物排放应符合相关国家标准、行业标准及地方标准要求，或在满足要求的前提下委托具备相应能力和资质的处理厂进行处理，并满足区域内排放总量的控制要求。

③ 固体废物。工厂产生的固体废物的处理应符合 GB 18599—2020 及相关标

准的要求。工厂无法自行处理的，应将固体废物转交给具备相应能力和资质的处理厂进行处理。

④ 噪声。工厂的厂界环境噪声排放应符合相关国家标准、行业标准及地方标准要求。

⑤ 温室气体。工厂应采用 GB/T 32150—2015 或适用的标准或规范对其厂界范围内的温室气体排放进行核算和报告，宜进行核查，核查结果宜对外公布。可行时，工厂应利用核算或核查结果对其温室气体的排放进行改善[2]。

7.3　评价指标的选取与设置

绿色工厂评价指标体系初建的思路为选择需要评价的项目、确定评价目标、初步选择评价指标。具体实施为：首先，选择需要评价的项目，确定评价目标，选择评价指标。其中，选择的评价指标既可以反映出被评价工厂的绿色化程度，又能较为全面地体现出评价的目的。然后，采用科学、合理、有效的方法对绿色工厂评价指标进行筛选，以及选择合适的指标体系建立方法。常用的有分析法、综合法、分层法等。通过对这些方法的运用，得到适用于绿色工厂评价的"指标集合"。最后，利用指标之间的关系，确定指标间的结构和制约关系以及各指标权重。各方法具体内容如下。

（1）分析法

分析法是一种科学合理有效的分析评价方法，该方法可以利用评价对象的自有属性来建立指标体系。但是分析法在运用过程中，会具有一定的主观性，主要是由评价者自身的知识结构和评价能力以及对评价项目有不同的理解造成，此外包括评价时带有的模糊性。因此，该方法多数运用在项目的可持续发展评价指标的选择过程中。

（2）综合法

综合法是对目前已经存在的指标进行系统性的分类，并且考虑了不同的观点。因此，可以较为客观地反映评价项目的整体情况，也能在一定程度上减少绿色工厂评价过程中因人为因素而导致的随意性。同时，综合法也有缺点，当出现新的节能评价对象，并且该评价项目尚无可参考的指标时，综合法则无法得到具体运用。

（3）分层法

分层法操作较为简单且方便实用，需要依据评价者对评价对象和评价目的的理解来制定目标层和准则层，但是有时目标层和准则层的选择缺少客观性的依

煤化工行业
绿色工厂创建与评价

据。因此，分层法在一定程度上和分析法有类似的缺点，存在主观随意性。在评价指标的初选完成后，形成一个由初选指标构成的"可能指标全集"。而在这个全集内，不是每一个所选择的绿色工厂评价指标都可以进入到评价指标体系中。需要对所收集到的节能评价指标进行具体分析并筛选，进而得到绿色工厂评价体系所需指标的"充分必要集"。指标的筛选除了需要对每一个评价指标做检验外，还需对整个评价指标体系做整体性的检测。然后还需要对每个评价指标进行定性分析和定量分析，对指标体系进行适当且必要的缩减，从而使评价指标体系合理、高效且更有操作性。通常对指标体系筛选的定量分析方法主要包括：灰色关联度法、指标权重法、层次分析法、神经网络法以及粗糙集法等。其中，神经网络法和粗糙集法，在解决非线性问题上具有原理科学、模型精简、精度较高的优点，更适合用于绿色工厂节能评价指标的筛选过程。神经网络法可以减少由于主观因素对指标筛选过程中造成的干扰，可以较为科学、合理地对指标进行筛选。而粗糙集法可以在保证一定评价效果的前提下，较为合理地去除不需要或不相关的指标[3]。

7.4 评价指标的建立

参照指标体系构建原则，本节将对指标体系框架进行搭建。拟从（能源的消耗情况、资源耗费对环境的影响、资源的综合利用情况、节能管理情况、产品）五个角度出发进行指标构建，以全面、客观地对绿色工厂的实际运行状况进行反映。同时，已知我国清洁生产指标体系目前包含六个层面的指标，具体为资源能源消耗、资源综合利用、环境管理与劳动安全卫生、产品特征、污染物产生、生产技术。因此利用分析法，结合绿色工厂的评价需求，对该六大指标进行筛选，以突出重点评价指标。生产技术指标可间接通过资源消耗指标、污染物产生指标进行反映，因此无需再额外进行单独设置，予以剔除。

通过各种分析方法，结合我国目前清洁生产的指标体系，并遵循评价指标建立原则的要求，对煤化工绿色工厂评价指标体系框架进行分解确定，由能源节能管理、资源消耗、资源综合利用、环境影响、产品特征五个子系统构成煤化工绿色工厂节能减排指标体系。总框架组成具体如下。

（1）目标层

指评价指标的总目标，即指绿色工厂评价指标体系。

（2）一级指标

一级指标由五个评价指标构成。第一个为能源节能管理制度指标，主要对煤化工绿色工厂内部节能相关的制度建立以及管理情况进行反映；第二个为资源消耗指标，主要对煤化工绿色工厂在实际运行过程中的资源耗用情况进行反映；第三个为资源综合利用指标，主要对煤化工绿色工厂在生产管理过程中对污染物及废弃物的二次回收再利用程度及环保化处理的程度进行反映；第四个为环境影响指标，主要反映煤化工绿色工厂对环境所带来的具体影响情况，如污染物量的反映；第五个为产品特征指标，主要对工厂生产的产品的易分解、易回收、对环境友好程度等方面进行反映。

（3）二级指标

二级指标根据五个一级指标进行进一步的分解，并进行筛选。

（4）三级指标

三级指标是依据上层指标，也就是二级指标，对影响二级指标的因素再进行分析，选取出典型指标。

从五个角度对煤化工绿色工厂进行节能评价，分别如下。

① 节能制度管理指标。

在目前已颁布的标准中，对煤化工行业的清洁生产有相应的评价方法。其中，对于煤化工绿色工厂内的环境和厂内的安全卫生有相应的评价方法。这两项指标在煤化工绿色工厂节能评价中的表现则为节能管理的范围，也就是说节能管理制度的好坏，对煤化工绿色工厂的环境和安全卫生也有一定影响。通过对影响煤化工绿色工厂节能减排的因素进行分析，从中挑选出与节能管理制度相关的指标，对该指标进行分析，从而发现煤化工绿色工厂在节能管理制度上存在的问题，将环境管理和安全卫生管理融入节能管理制度中去，从而在整体上提升煤化工绿色工厂节能减排的水平和能力。

② 资源能源消耗指标。

随着国内资源和环境问题的日益突出，国家不断颁布法律法规促进企业实行节能减排，而作为用能大户的煤化工绿色工厂，自然而然也要关注其能耗问题。只有降低自身的耗煤量、耗水量指标，才能实现节能减排，可持续发展。

③ 资源综合利用指标。

煤化工绿色工厂在实际生产过程中，由于主要动力来源为煤炭，而煤炭在燃烧过程中必然会释放大量的污染物和粉尘，例如二氧化硫、二氧化碳等。这些污染物有些是可以经过技术手段进行资源化回收利用的。这样既可以减少煤化工绿色工厂有害物质的排放，又可以在一定程度上为煤化工绿色工厂增加经济效益，促进企业的发展。因此，资源综合利用指标可以很好地衡量企业在其日常运营过程中排放的污染物和粉尘回收和资源化的利用程度。

④ 环境影响指标。

煤化工绿色工厂在生产过程中，必然会产生大量的有害物质，这些物质经过处理或直接排放到大气中，对自然环境都或多或少存在影响。因此，通过环境影响指标既可以判断煤化工绿色工厂排放的物质对周围自然环境的影响，也可以衡量煤化工企业节能减排的效果和力度。

⑤ 产品特征指标。

除了判断煤化工行业生产的产品是否易于回收、降解，生产的产品是否会对环境造成影响外，产品的绿色化也是评价绿色工厂的重要指标之一。因此，通过产品特征指标可以判断工厂生产的产品的绿色程度，从而从侧面反映煤化工行业工厂的绿色化程度。

评价指标体系表见表7.1。

◆ 表7.1　评价指标体系表

目标层	一级指标	二级指标	三级指标
煤化工行业绿色工厂评价	节能制度管理指标	规章制度标准体系	节能减排相关制度的完备性、可操作性
		建设	机构完备度、基础建筑、照明
		节能减排预算政策	节能减排预算量、节能减排政策力度
		原料管理	原料的采购、原料的调运、原料的验收、原料的耗用、原料的存储以及原料的盘点
		设备管理	专用设备、通用设备、计量设备、污染物处理设施设备
	资源能源消耗指标	生产煤耗	单位产品耗煤量
		生产水耗	全厂复用水率、锅炉补水率、循环水浓缩倍率、化学自用水率、灰水比

目标层	一级指标	二级指标	三级指标
煤化工行业绿色工厂评价	资源能源消耗指标	工厂用电率	锅炉热效率、汽轮机热效率、引风机耗电率、送风机耗电率、磨煤机耗电率、循环水泵耗电率、一次风机耗电率、给水泵耗电率、循环水泵耗电率
	资源综合利用指标	煤炭综合利用率	煤炭综合利用率
		副产品综合利用率	副产品综合利用率
	环境影响指标	SO_2	SO_2产生量、脱硫效率
		NO_x	NO_x产生量、脱氮效率
		粉尘	粉尘排放量、粉尘处理效率
		废水	废水排放量、废水处理效率
		噪声	噪声排放、降噪效率
		固体废物	固体废物产生量、固体废物处理
	产品特征指标	产品回收	产品回收率、产品环保
		产品环保	产品污染物含量、产品环保

7.5 评价指标体系分析

（1）节能制度管理一级指标

一共包含了 5 个二级指标，17 个三级指标。指标的具体内容如下。

规章制度标准体系：该指标主要包括了煤化工绿色工厂内，节能减排相关规章制度的完备性和可操作性两个方面。其中，规章制度的完备性又包括制度的完备性和标准的完备性。制度的完备性是指煤化工企业是否建立了完善的节能减排规章制度。而标准的完备性是指工厂内生产设备的能效标准性。规章制度的可操作性在一定程度上，体现出所制定的节能减排制度是否可以得到有效的执行。

建设：该指标主要用来衡量煤化工企业是否设置了专门的节能减排机构，以及是否配置了相关的专业人员且数量充足。该机构的日常工作是对全厂的节能减排工作进行监督，及时发现问题和解决问题，并定期形成总结汇报。同时，还包括工厂的基础建设、照明设备是否符合标准。

节能减排预算政策：该指标主要体现为，煤化工绿色工厂对节能减排相关预算的拨付情况以及预算执行的情况。通过该指标可以衡量煤化工绿色工厂对节能减排的执行力度，以及在支持节能减排新技术、新方法上的支持力度。

原料管理：该指标主要衡量煤化工企业是否有一套完整、健全、安全的原料管理制度，其中包括原料的采购、原料的调运、原料的验收、原料的耗用、原料的存储以及原料的盘点。

设备管理：该指标主要衡量了煤化工绿色工厂对主要运行设备的管理是否得当。例如，对锅炉、汽轮发电机和脱硫设备等的管理。设备管理包括了检查设备是否正常运行以及对设备的耗电量、耗水量等关键参数的记录和分析。

（2）资源能源消耗指标

资源能源消耗指标一级指标中一共包含了 3 个二级指标，15 个三级指标。指标的具体内容如下。

生产煤耗：该指标主要体现为煤化工绿色工厂每生产单位产品的耗煤数量。由于煤化工化学反应过程复杂，且这一过程多为高度集成自动化的过程。因此，影响煤化工绿色工厂生产煤耗的因素有很多，其中既包括了锅炉的热效率、汽轮发电机的热效率，又包括了煤炭的质量、机组的运行年限等因素。

工厂用电率：该指标是指煤化工生产产品过程中耗电量与所生产产品的比值。该指标也可用于不同规模的煤化工行业工厂之间的用电情况对比。该指标下设 9 个三级指标，分别是锅炉热效率、汽轮机热效率、引风机耗电率、送风机耗电率、磨煤机耗电率、一次风机耗电率、给水泵耗电率、循环水泵耗电率。

生产水耗：该指标是指单位发电量的耗水量。该指标可以衡量出一个煤化工绿色工厂的生产技术、综合管理技术以及生产工艺的先进程度。一个煤化工绿色工厂生产每单位产品水耗越低，说明该煤化工厂的生产工艺水平越高。该指标下设 5 个三级指标，分别是全厂复用水率、锅炉补水率、循环水浓缩倍率、化学自用水率、灰水比。

（3）资源综合利用指标

资源综合利用指标一级指标中一共包含了 2 个二级指标，2 个三级指标。指标的具体内容如下。

煤炭综合利用率：该指标是指煤化工绿色工厂在生产过程中，煤炭的再生利用率。例如，未反应完全的煤炭的回收利用。该项指标能够反映工厂的资源再利用率，原料使用率越高，说明生产技术、工厂节能效率等方面也就做得越好。

副产品综合利用率：该指标是指煤化工绿色工厂在生产过程中产生的一些副产品的回收利用情况，副产品的回收率越高，代表工厂在生产过程中的资源利用率也就越高，既绿色化程度更高。

（4）环境影响指标

环境影响指标一级指标中一共包含了 6 个二级指标，12 个三级指标。指标的具体内容如下。

SO_2、NO_x：煤化工绿色工厂在锅炉燃烧过程中产生能影响环境的污染物，主要有二氧化硫（SO_2）、氮氧化物（NO_x）和烟尘等物质。二氧化硫的排放量主要受到脱硫技术和脱硫效率的影响。当下，有很多的脱硫技术，有的技术脱硫效率高，有的技术脱硫效率低。氮氧化物的排放量主要与氮氧化物的生产量和脱氮效率有关，氮氧化物的生产量主要与煤炭的燃烧有关。

粉尘排放量：煤化工绿色工厂的粉尘排放量的多少，主要受工厂除尘效率的影响。目前，煤化工绿色工厂内常用的除尘方式主要有两种：一种是电除尘；另一种是布袋除尘。

废水排放：煤化工绿色工厂的废水排放量主要取决于生产工艺以及废水的处理技术。

固体废物：煤化工行业工厂排放的固体废物主要有各种废催化剂、废吸附剂等；其中，一般固体废物主要包括粉煤灰、锅炉渣、石灰污泥、气化渣、生活垃圾等。可以通过废物的处理工艺、废物去向等方面进行评价。

噪声：煤化工工厂在生产过程中产生的噪声应满足国家标准，将工厂的降噪效率作为评价标准。

（5）产品特征指标

工厂的主要产品，其是否易于降解、回收利用率如何、是否环保等也是评价工厂是否符合绿色工厂的标准之一[4]。

7.6 绿色工厂评价流程

绿色工厂评价具体评价步骤主要分为十步，具体流程如图 7.2 所示。在此流程中，存在一个流程判断，若评价结果分析为满意，则给出评价结果；若评价结果分析为不满意，则给出节能评价结果并将流程返回至选择项目节能评估的评价指标，再次进行流程流转。这里的不满意主要指评价指标不满足项目要求、决策要求或具有局限性。

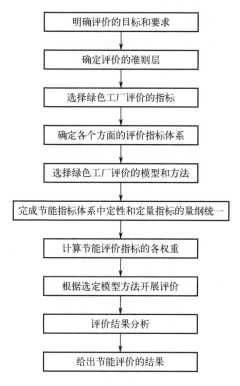

图 7.2　绿色工厂评价步骤

（1）明确评价的目标和要求

对绿色工厂进行节能评价的首要步骤就是制定评价的目标和要求。评价的目标可能是一个目标，也可能是多个目标，也可以认为绿色评价的目标是具有多样性的。绿色工厂评价的目标尤为重要，应该结合当下绿色工厂的实际情况进行具体详细的分析。在进行绿色工厂评价的过程中，需要对其进行充分分析，需要决策者或评价制定者完成相关的集成工作。这些集成工作内容既包括绿色工厂评价指标的选择、指标的筛选量化等工作，也包括评价方法和评价结果的判断。

（2）确定评价的准则层

绿色工厂评价的准则层基于煤化工企业节能评价的目标和要求，其确定方法是结合绿色工厂的节能评价目的，并且依据工厂的实际情况来确定。通过这些准则来确定绿色工厂的哪些内容和指标有实际的可操作性。评价准则层涵盖了众多方面，例如，节能制度管理指标、资源能源消耗指标、资源综合利用指标、环境影响指标、产品特征指标等，可以从上述几个方面中选择详细的指标来进行分析。

（3）选择绿色工厂评价的指标

绿色工厂评价指标选取的适用与否直接决定了评价结果的好坏，因此，绿色工厂评价指标的选择尤为重要。在评价指标的选择过程中，要以准则层为条件约束。这样可以使选出来的评价指标满足准则层的约束，从而也符合了绿色工厂评价的目标和要求。此外，所选择的评价指标还需要具有一定的合理性，并且指标的数据容易搜集到。

（4）确定各个方面的评价指标体系

评价指标选择完成后便是构建评价指标体系。绿色工厂评价体系是否科学、合理，直接影响评价结果是否科学有效。因此，评价体系需在科学严谨有效的体系建立方法之上进行构建。科学合理有效的绿色工厂评价指标体系应该符合工厂的实际情况，反映绿色工厂自身特点，并且各个评价指标之间具有一定的逻辑性。此外，在构建绿色工厂节能评价指标体系时，将各个指标按照准则层的结构，分别建立各方面的子指标体系，由子指标体系再组合成完整的指标体系。

（5）选择绿色工厂评价的模型和方法

绿色工厂评价模型有多种类型，针对不同的评价目标可以选择不同的模型和方法。在选择合适的方法建立评价模型时，首先应该遵循客观性原则，从绿色工厂的实际情况出发，选取符合实际情况的各项节能指标；其次还需要对多种建模方法进行分析，利用不同的评价模型构建方法来建立绿色工厂评价模型；最后构建成适合于绿色工厂评价的一个或者多个模型和方法。

（6）完成节能指标体系中定性和定量指标的量纲统一

选择完成的绿色工厂节能评价指标中，既有定性的指标，又有定量化的指标。想要使这些定性和定量指标可以应用于评价体系中，那就需对评价指标中的定性指标进行量化处理。并且，定性的指标和定量的指标处于同一个量纲下，所以需要对各种节能评价指标进行量纲统一。其中，量纲统一的方法有很多种，例如最常见的方法是数据"归一化"处理。

（7）计算节能评价指标的各权重

在完成指标的选择、体系的建立、指标量纲的统一之后，需要对绿色工厂节能评价体系中的各个指标进行权重赋予。每一个指标权重值的大小，反映该指标对整个评价模型的影响。指标权重值越大，说明该项指标对整个评价体系的影响也越大。反之，指标权重值越小，说明该项指标对整个评价体系的影响也越小。确定指标的权重对于保证节能评价模型的科学性与合理性有重要意义，因此，在对各个指标进行权重确定时，应谨慎科学合理地选择确定方法，依据指标类型的不同，来选择适合的指标权重确定方法。

（8）根据选定模型方法开展评价

在建立完绿色工厂评价模型之后，按照该模型开展绿色工厂评价，依据不同的评价模型，评价的方法也不同。此外，节能评价工作者的能力对节能评价工作的开展也有重要影响。在实际的煤化工企业节能评价工作中，最常用的就是定性方法、定量方法、定性和定量相结合的方法。

（9）评价结果分析

按照确定好的绿色工厂评价模型，就可以以相关的绿色工厂为例，对其进行评价，得出相应的评价结果。从评价结果出发，分析当前绿色工厂在工作中，采取的措施和方案的效果和可行性。将节能的评价结果分成认可和不认可两部分，若分析结果得到认可，则可以为相关使用人员提供工具支持；如果分析的结果没有得到认可，则需要返回到模型中，重新调整选择的指标，调整评价模型，再进行二次节能评价工作。直到分析结果达到满意，再将评价结果提供给决策者，为后续决策提供支持。

（10）给出节能评价的结果

完成评价后的绿色工厂评价结果可以为相关使用者提供合理有效的决策支持。这一过程可依据正式的评价结果报告形成，这是绿色工厂节能评价过程中的最后一步。这一步骤的意义在于对该绿色工厂的工作进行了完整的总结，对每个指标的数据给予相关分析。同时，在报告中对该绿色工厂给予了正式的评价结果，这样才代表着绿色工厂评价工作的正式完成。

7.7 绿色工厂评价原则

绿色工厂应按照厂房集约化、原料无害化、生产洁净化、废物资源化、能源低碳化"五化"评价原则来进行创建。

（1）厂房集约化

厂房集约化主要体现在厂区建筑、设施合理布局上，尽量采用厂房多层设计、污水处理厂立体设计等方式，设计布局合理，工厂建筑达到绿色建筑要求（节材、节能、节水、资源循环）以及单位面积土地的产值应处于同行业先进水平。

（2）原料无害化

原料无害化体现在包括建筑、场地、污水处理设施、站房等所需的材料，充分考虑其环境影响值、是否可再生、寿命、无毒无害等因素。

（3）生产洁净化

生产洁净化主要体现在绿色采购、清洁生产以及淘汰落后工艺、技术和装备上，进行节能减排技术改造等。

（4）废物资源化

废物资源化主要体现在清洁能源的使用、主要用能设备实现三级计量管理、能源节约及高效利用以及单位产品综合能耗符合国家、行业或地方限额要求，万元产值综合能耗达到同行业先进水平，单位产值碳排放量在同行业处于先进水平等。

（5）能源低碳化

能源低碳化主要体现在以下方面：高浓度、低浓度废水分质处理，分质回用，主要污染物（SO_2、NO_x）排放优于地方或行业标准要求，废水回用率达到40%以上；从无组织排放到有组织排放，再到治理措施，达到国家或地方排放标准要求；废气余热回收、油脂回收情况优于地方或行业标准要求等。边角废料、包装材料、化学品等的回收利用采用污泥减量化工艺，进行无害化处置，尽可能地进行资源化利用。

7.8　绿色工厂评价方法

开展绿色工厂评价，宜根据各行业或地方的不同特点制定评价导则，并应制定相应的具体评价方案。评价方案应至少包括基本要求以及基础设施、管理体系、能源与资源投入、产品、环境排放、绩效等6个方面。依据上述要求，根据各方面对资源与环境影响的程度和敏感性给出相应的评分标准及权重，按照行业或地方能够达到的先进水平确定综合评价标准和要求。其中，必选要求为要求工厂应达到的基础性要求，必选要求不达标不能评价为绿色工厂；可选要求为希望工厂努力达到的提高性要求，可选要求应具有先进性。

煤化工行业
绿色工厂创建与评价

绿色工厂评价可由第一方、第二方或第三方组织实施。当评价结果用于对外宣告时，则评价方至少应包括独立于工厂、具备相应能力的第三方组织。具体地，针对被评价组织，第一方为组织自身，第二方为组织的相关方，第三方为与组织没有直接关系的其他组织。

实施评价的组织应查看报告文件、统计报表、原始记录，并根据实际情况，开展对相关人员的座谈；采用实地调查、抽样调查等方式收集评价证据，并确保证据的完整性和准确性。

实施评价的组织应对评价证据进行分析，当工厂满足评价方案给出的综合评价标准和要求时即可判定为绿色工厂。

就目前我国工业和信息化部推行的国家级绿色工厂创建流程而言，主要采用"两评""两认"流程，即企业自评、第三方评价机构评价、地方主管部门认可推荐及工业和信息化部专家论证。详细流程如图7.3所示。

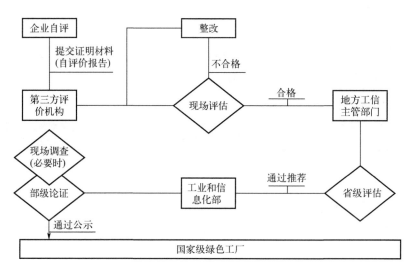

图 7.3　评价方式流程框架图

7.8.1　德尔菲法

德尔菲法也就是俗称的专家调查法，此构建评价指标体系的方法主要是凭借相关领域专家丰富的专业知识储备或实践经验，围绕某一主题或问题，组织相关领域比较有代表性的专家或者权威人士组成专家小组，采用匿名的方式轮番征询并用统计的方法集中专家小组意见或判断的一种预测分析方法。德尔菲法的实施过程一般包括以下五步：首先，确定研究需要征询的问题范围和专业领域，制定调查及研究纲要，准备研究所需的基础资料，设计与研究问题相关的调查问卷；其次，针对确定的研究问题选定由有关领域最有代表性的科学家或者权威人士组成的专业小组，专家数量通常不多于二十人；再次，准备发送调查问卷；然后，先分析回收的调查结果，然后汇总专家观点，把存在分歧的问题再次发送给专家小组成员，并进行轮番征询，直到全体专家的看法取得统一；最后，若取得统一意见则再汇总并分析最后结论，以确保整体研究结论一致，若仍未能取得统一结果，则再进行下一轮的研究整理，但是这次要结合整个团队的意见。由德尔菲法的过程可知，其特征为匿名性和反馈性。匿名性的函件交流可以最大程度地避免权威的影响，专家小组内的成员并不知晓其他人的情况，反馈的信息会更加真实和客观；德尔菲法需要经过至少三轮的信息反馈，最终的结果基本能清晰反映专家的意见和观点，更具有可信性和可靠度[5]。

7.8.2 层次分析法

通过对两个指标进行比较确定指标的权重，通过其相对重要程度来确定其重要性。指标之间比较量化值的规定见表7.2。

◆ 表7.2 指标之间比较量化值的规定

因素 i 比因素 j	量化值
同等重要	1
略重要	3
重要	5
强烈重要	7
极其重要	9
相邻判断中间值	2，4，6，8
倒数	$a_{ij}=1/a_{ji}$

通过指标间重要程度量化表列出矩阵后，开始计算各指标权重。

首先将每一列元素进行归一化处理，公式如下：

$$\boldsymbol{B}_{ij}=\frac{B_{ij}}{\sum\limits_{k=1}^{n}B_{kj}}(i，j=1，2，3，\cdots，n) \tag{7-1}$$

将归一化的矩阵按行相加，公式如下：

煤化工行业
绿色工厂创建与评价

$$w_i = \sum_{j=1}^{n} \boldsymbol{B}_{ij} \quad (i, j = 1, 2, 3, \cdots, n) \tag{7-2}$$

最后对向量 $w_i = (w_1, w_2, w_3 \cdots w_n)^T$ 进行归一化处理,公式如下:

$$w_i = \frac{w_i}{\sum_{j=1}^{n} w_i} \quad (i, j = 1, 2, 3, \cdots, n) \tag{7-3}$$

即 $w = (w_1, w_2, w_3 \cdots w_n)^T$ 为所求的特征向量。

由于打分依据存在极大主观性,所以需要对计算结果进行一致性检验。在进行一致性检验时首先要计算最大特征值,公式如下:

$$\lambda_{max} = \sum_{i=1}^{n} \frac{[Aw]_i}{nw_i} \tag{7-4}$$

式中,$[Aw]_i$——表示向量 w_i 的第 i 个分量;

n——表示矩阵阶数。

一致性指标 CI,公式如下:

$$CI = \frac{\lambda_{max} - n}{n - 1} \tag{7-5}$$

n 为判断矩阵阶数。如果要使所得权重向量与实际情况一致,则判断矩阵要满足 CI=0,即矩阵具有完全一致性。一般来说,判断矩阵的 n 越大,则 CI 值越大,偏离一致性也随之增加,则需要引入一致性指标修正值 RI 来解决这个问题(表 7.3)。

◆ 表 7.3　一致性指标修正值

n	1	2	3	4	5	6	7	8	9
RI	0	0	0.52	0.89	1.12	1.26	1.36	1.41	1.46

最后检验一致性。判断矩阵一致性越高,CI 值越小。为了应对一致性检验临界值,引入一致性比例 CR 来消除矩阵阶数的影响,计算公式如下:

$$CR = \frac{CI}{RI} \tag{7-6}$$

如果一致性检验合格,即小于 0.1,那么所得的权重即可应用。在计算出每一层次的指标相对权重后,通过由下至上的矩阵运算,逐层合成,得出各层次各指标的相对权重值,进而得到各层次各指标的相对排序[6]。

7.8.3　熵权法

利用熵权值计算评价指标的权重,主要分为三个计算过程[1]。

根据评价指标体系中三级评价指标数量，在每个评价指标下选择 5 组数据。这就构成了矩阵，如下所示：

$$\boldsymbol{R} = \begin{bmatrix} r_{11} & r_{12} & \cdots & r_{1n} \\ r_{21} & r_{22} & \cdots & r_{2n} \\ \vdots & \vdots & \ddots & \vdots \\ r_{m1} & r_{m2} & \cdots & r_{mn} \end{bmatrix}_{m \times n}$$

（1）第一步，原始数据的处理

由于原始数据中，存在着多种类型的结果数据。也就意味着，这些数据中，存在很多单位、符号等都不相同的情况，都有着明显差异，无法直接使用。因此，首先要对数据进行标准化处理。具体计算公式如下所示：

$$\boldsymbol{R}_{ij} = \frac{r_{ij} - \min r_{ij}}{\max r_{ij} - \min r_{ij}} \tag{7-7}$$

式中，r_{ij}——为原始数据；

$\boldsymbol{R}_{ij}$——为第 i（$i = 1，2，\cdots，m$）个指标、第 j（$j = 1，2，\cdots，n$）个数值的原始数据值和标准化处理后的数据值；

$\min r_{ij}$——为第 i 个指标的最小数据值；

$\max r_{ij}$——为第 i 个指标的最大数据值。

（2）第二步，指标信息熵值的计算

$$\boldsymbol{H}_i = -k \sum_{j=1}^{n} f_{ij} \ln f_{ij} \, (i = 1，2，\cdots，m；j = 1，2，\cdots，n) \tag{7-8}$$

式中，$f_{ij} = \dfrac{\boldsymbol{R}_{ij}}{\sum\limits_{j=1}^{n} \boldsymbol{R}_{ij}}$，$k = \dfrac{1}{\ln n}$（假定：当 $f_{ij} = 0$ 时，$f_{ij} \ln f_{ij} = 0$）。

（3）第三步，指标权重的计算

$$w_1 = \frac{1 - \boldsymbol{H}_i}{m - \sum\limits_{i=1}^{m} \boldsymbol{H}_i} (i = 1，2，\cdots，m) \tag{7-9}$$

7.8.4　主成分分析法

主成分分析（principal component analysis，PCA）是一种统计方法，其原理是设法将原来变量重新组合成一组新的相互无关的几个综合变量，同时根据实际需要从中取出几个较少的综合变量尽可能多地反映原来变量的信息，主成分分析法也是数学上处理降维的一种方法，其计算步骤如下[7]：

（1）对原始数据进行标准化处理

假设进行主成分分析的指标量有 m 个，分别为 X_1，X_2，$\cdots$，X_m，共有 n 个评价对象，第 i 个评价对象的第 j 个指标的取值为 a_{ij}。

将各指标 a_{ij} 转化成标准指标 $\widetilde{a_{ij}}$，有

$$\widetilde{a_{ij}} = \frac{a_{ij} - \mu_j}{S_j} \tag{7-10}$$

式中，$\mu_j = \dfrac{1}{n}\sum_{j=1}^{n} a_{ij}$，$S_j = \sqrt{\dfrac{1}{n-1}\sum_{i=1}^{n}(a_{ij} - \mu_j)^2}$。

得出标准化指标变量：

$$\widetilde{x_j} = \frac{x_j - \mu_j}{S_j}，\quad (j=1，2，\cdots，m) \tag{7-11}$$

（2）计算相关系数矩阵 $\boldsymbol{R}$

$$\boldsymbol{R} = (r_{ij})_{m \times n} = \frac{\sum_{k=1}^{n} \widetilde{a_{ki}}\,\widetilde{a_{kj}}}{n-1}(i，j=1，2，\cdots，m) \tag{7-12}$$

（3）计算特征值和特征向量

计算相关系数矩阵 $\boldsymbol{R}$ 的特征值，且 $\lambda_1 \geqslant \lambda_2 \geqslant \cdots \geqslant \lambda_m \geqslant 0$（$\lambda$ 为相关系数矩阵特征值），以及对应的特征向量 $\boldsymbol{\mu}_1$，$\boldsymbol{\mu}_2$，$\boldsymbol{\mu}_3$，$\cdots$，$\boldsymbol{\mu}_m$，$\boldsymbol{\mu}_i = [\boldsymbol{\mu}_{1i}，\boldsymbol{\mu}_{2i}，\cdots，\boldsymbol{\mu}_{mi}]^T$ 由特征向量组成 m 个新的指标变量，即 m 个主成分：

$$\boldsymbol{y}_1 = \boldsymbol{\mu}_{11}\widetilde{X_1} + \boldsymbol{\mu}_{21}\widetilde{X_2} + \cdots \boldsymbol{\mu}_{m1}\widetilde{X_m}$$
$$\boldsymbol{y}_2 = \boldsymbol{\mu}_{12}\widetilde{X_1} + \boldsymbol{\mu}_{22}\widetilde{X_2} + \cdots \boldsymbol{\mu}_{m2}\widetilde{X_m}$$
$$\cdots$$
$$\boldsymbol{y}_m = \boldsymbol{\mu}_{1m}\widetilde{X_1} + \boldsymbol{\mu}_{2m}\widetilde{X_2} + \cdots \boldsymbol{\mu}_{mm}\widetilde{X_m}$$

（4）选择 p（$p<m$）个主成分，计算综合评价值

计算特征值的信息贡献率和累计贡献率。

$$b_j = \frac{\lambda_j}{\sum_{k=1}^{m}\lambda_k}(j=1，2，\cdots，m) \text{为主成分} \boldsymbol{y}_j \text{的信息贡献率。}$$

$$\alpha_p = \frac{\sum_{k=1}^{p}\lambda_k}{\sum_{k=1}^{m}\lambda_k} \text{为主成分} \boldsymbol{y}_1，\boldsymbol{y}_2，\cdots，\boldsymbol{y}_p \text{的累计贡献率。}$$

当累计贡献率 $>85\%$ 时，则选择前 p 个指标变量作为 p 个主成分，代替原来 m 个指标变量，从而可对 p 个主成分进行综合分析，计算综合得分：

$$Z = \sum_{i=1}^{p} b_j \boldsymbol{y}_j \qquad\qquad (7\text{-}13)$$

7.8.5 模糊矩阵评价法

大部分的评价指标体系是一个多层次的结构指标体系，这些评价因素大多具有模糊性。模糊综合评价法中可以把次准则层对主准则层的影响看成一级影响，将主准则层对目标层的影响看成二级影响。此处在进行模糊评价时由最底层向最高层依次进行评价，共分为两级。计算一级模糊评价结果时依据二级模糊综合评价结果进行。具体计算步骤如下。

（1）确定评价对象集

评价对象集 $\boldsymbol{U} = (\boldsymbol{U}_1, \boldsymbol{U}_2, \cdots, \boldsymbol{U}_X)$，$X$ 为评价对象的个数。

（2）确定评价因素集

评价因素集 $\boldsymbol{V} = (\boldsymbol{V}_1, \boldsymbol{V}_2, \cdots, \boldsymbol{V}_n)$，将各个因素根据自身的属性共性划分为 n 个子评价因素集合：$\boldsymbol{C} = (\boldsymbol{C}_{i1}, \boldsymbol{C}_{i2}, \cdots, \boldsymbol{C}_{ij})$。此处评价因素集 $\boldsymbol{V}$ 包括绿色制造发展水平指标体系中的五个一级指标，每个一级指标中所包含的子评价因素集由各个一级指标簇内所包含的二级指标确定。

（3）确定评语集

评语集 $\boldsymbol{S} = (\boldsymbol{S}_1, \boldsymbol{S}_2, \cdots, \boldsymbol{S}_m)$，$m$ 代表有 m 个评价等级（好、较好、一般等）。

（4）确定指标权重集

指标权重集 $\boldsymbol{W} = (\boldsymbol{W}_1, \boldsymbol{W}_2, \cdots, \boldsymbol{W}_k)$。指标权重可由层次分析法、熵权法等方法确定。

（5）确定模糊单因素评价集

从评价因素集 $\boldsymbol{V}$ 到评语集 $\boldsymbol{S}$ 可以看成是一个模糊映射，通过模糊映射可以得到模糊评估矩阵 $\boldsymbol{R} = (\boldsymbol{R}_{11}, \boldsymbol{R}_{12}, \cdots, \boldsymbol{R}_{ij})$。其中，$\boldsymbol{R}_{ij} = d_{ij}/d$，$d_{ij}$ 是评价因素集合 $\boldsymbol{V}_n$ 中第 ij 项评估因素为评语集 $\boldsymbol{S}$ 中第 m 种评价的评价专家人数，d 是参加评价的全部专家人数。

（6）模糊评价综合合成

通过模糊矩阵合成运算可以计算出评价因素集 $\boldsymbol{V}$ 的评价向量 $\boldsymbol{E}_i$。

$$\boldsymbol{E}_i = \boldsymbol{W}_i \times \boldsymbol{R}_i = (e_{i1}, e_{i2}, \cdots, e_{ij}) \qquad\qquad (7\text{-}14)$$

（7）将评价向量进行归一化处理后，得到工厂绿色化程度的最终得分 $\boldsymbol{F}$[1]。

参考文献

［1］王晓瑜．黄河三角洲地区环境绩效审计评价指标体系构建研究［D］．兰州：兰州财经大学，2022.

［2］杨永青，李靖，郑超超．绿色工厂评定的难点要点分析［J］．建设科技，2021（1）：12-14，19.

［3］孙睿．大气污染防治环境绩效审计评价指标体系构建及应用研究［D］．哈尔滨：哈尔滨商业大学，2022.

［4］牧仁．火力发电厂节能减排评价指标体系构建及应用研究［D］．包头：内蒙古科技大学，2020.

［5］吕宇晖．我国中部六省绿色制造发展水平综合评价研究［D］．南昌：南昌大学，2021.

［6］解婧瑶，童慧，陈立中．基于层次分析法和主成分分析法的仓库 KPI 评价体系构建——以中国外运公司为例［J］．价值工程，2022，41（23）：67-69.

［7］梁龙．加快绿色转型行业首推绿色工厂"五化"评价原则［J］．中国纺织，2016（9）：122-123.

第**8**章

神华新疆化工有限公司
绿色工厂的创建和评价

8.1 神华新疆化工有限公司项目概况

8.1.1 神华新疆化工有限公司基本信息

神华新疆化工有限公司（以下简称"神华新疆化工公司"）系中国神华煤制油化工有限公司的全资子公司。中国神华煤制油化工有限公司是国家能源投资集团下属负责煤制油、煤化工业务的全资子公司，研究方向主要集中在煤直接液化、间接液化、煤化工，低阶煤开发利用等领域专有技术的开发与工艺优化、催化剂、装备国产化、节能减排及延续产业技术储备上，为煤制油和煤化工产业可持续健康发展提供技术支撑，是国内规模最大、技术最先进的煤化工企业之一，代表了国内煤化工领域顶尖的技术水平。自成立以来，先后承担各类科技创新项目 41 项，通过大力发展煤制油、煤化工产业，为国家供应清洁能源和工业原材料，保障国家能源安全和基础工业需求[1]。

神华新疆化工公司一期的 68 万吨/年煤基新材料项目厂址位于新疆维吾尔自治区乌鲁木齐市米东区柏杨河乡境内的甘泉堡工业区，厂区占地面积约为 227.87 公顷，厂外工程占地约 41.83 公顷，共计 269.70 公顷，主要生产聚丙烯、聚乙烯等新材料，并副产丙烷、碳四、碳五、硫黄等高附加值产品，由甲醇生产中心、烯烃生产中心、热电生产中心等系统组成。其中，甲醇生产中心包括空分装置（$3 \times 82000 Nm^3/h\ O_2$）、煤气化装置（53 万 Nm^3/h 粗煤气）、净化装置（含变换、规模与气化配套）、183 万吨/年甲醇合成装置、2.4 万吨/年硫回收装置；烯烃生产中心包括 180 万吨/年甲醇制烯烃装置、60 万吨/年烯烃分离装置、12 万吨/年碳四烯烃转化装置、45 万吨/年聚丙烯装置、27 万吨/年低密度聚乙烯装置；热电生产中心包括 （3＋1）×480t/h 产气量锅炉装置、抽凝式空冷供热汽轮发电机组＋补汽余热空冷发电机组汽机装置等。

8.1.2 绿色工厂的生产经营状况

神华新疆化工公司于 2013 年 7 月开工建设，2016 年 10 月 3 日正式打通全流程，生产出合格的聚烯烃产品。自开工建设至今，累计投资超过 190 亿元，其中环保设施总投入超过 30 亿元，占总投资 15％以上。组织机构方面，神华新疆化工公司设置综合办公室、计划财务部、人力资源部、生产管理部、质量技术部、机械动力部、安全监察部、节能环保部、内控审计部、党群工作部、纪检监察室等 11 个部门。公司现有合同制员工 1287 人，50％以上员工为本科及以上学历，专业技术和管理人员 266 人，技能操作人员 973 人，少数民族员工 66 人。

公司上下团结一心，积极主动适应经济新常态，紧紧围绕原神华集团公司"1245"清洁能源发展战略目标，以"坚定信心、鼓足干劲、外塑形象、苦练内功"的工作精神为指导，以煤炭深度开发为先机，走高精尖之路，低碳环保，打造产供销一条龙行业，指导各项工作。以健全生产管理体系、强化制度管理为抓手；以强化全员培训、拓宽员工发展平台为手段；以转变工作作风、提升"五个打造"为契机；在确保安全环保前提下，全面实现全年生产经营目标，健全与商业化生产运行相适应的生产管控体系、风险预控体系、企业文化建设体系，在建设国内一流煤化工企业的征程上稳步前行，生产经营取得了可喜的成绩。

2018 年累计生产聚烯烃产品 63.36 万吨，其中聚乙烯 23.71 万吨，聚丙烯 39.66 万吨。完成神华煤制油化工公司下达 63 万吨任务，完成集团公司下达 60 万吨任务的 105.2％。全年实现营业收入 48.17 亿元，利润总额 10.93 亿元。

8.1.3 绿色工厂的主要产品/技术概况

（1）产品情况

神华新疆化工公司生产的聚烯烃系列产品，以煤为原料，采用水煤浆加压气化工艺生产 MTO（甲醇制烯烃）级甲醇，应用神华自主知识产权 SHMTO 工艺技术甲醇制烯烃生产聚乙烯、聚丙烯等高附加值产品，设计年产高压低密度聚乙烯（LDPE）27 万吨，聚丙烯（PP）45 万吨[2]。

高压低密度聚乙烯（LDPE）产品具有良好的延伸性、电绝缘性，密度低，透明性好，应用范围广泛，可用于农膜（棚膜、地膜）、重包装膜、收缩膜、透明膜、绝缘料及电缆护套的生产，还可用于医疗器具、药品和食品包装材料、挤塑的管材、板材、注塑制品、异型材、热成型等的生产。

聚丙烯（PP）产品由于晶体结构规整，具备易加工，抗冲击强度、抗挠曲性以及电绝缘性好等优点，在汽车工业、家用电器、电子、包装、建材及家具等方面具有广泛的应用，范围覆盖了薄膜、纤维、管板材、注塑、挤出和热成型的各个应用领域（表8.1）。

◆ 表8.1　神华新疆化工公司产品目录表

序号	产品类别	产品名称	产品型号
1	低密度聚乙烯（LDPE）	挤出薄膜类	2426F
2		挤出薄膜类	2426H
3		挤出薄膜类	2426K
4		挤出薄膜类	2420D
5		挤出薄膜类	1810D
6		注塑类	2420Z
1	聚丙烯（PP）	注塑类	K8003
2		注塑类	K8003B
3		注塑类	K8005
4		注塑类	K4608
5		注塑类	K9935
6		窄带类	S1003
7		纤维类	S2040
8		挤出薄膜和流延薄膜	F1002B
9		挤出薄膜和流延薄膜	F3002B

（2）工艺技术情况

空分装置采用法液空的空分技术，即低压分子筛吸附、增压透平膨胀机制冷、液氧内压缩的工艺流程方案，向煤气化装置提供需要的 8.7MPa（G）高压氧气，向硫回收装置提供 0.3MPa（G）低压氧气，同时负责提供全厂氮气、仪表空气、工厂空气等。

煤气化装置采用 GE 水煤浆气化技术。原煤、工艺水、添加剂在棒磨机内按比例混合，磨成一定浓度的水煤浆，水煤浆在气化炉内与来自空分的氧气在 6.5MPa（G），约 1400℃ 条件下，进行煤的裂解、挥发、燃烧及气化等诸多复杂反应。反应产物粗煤气在激冷室与水直接接触冷却，大部分微粒留在水中，粗煤气经上升管从侧面离开气化炉，经洗涤除尘后，送至下游净化装置。

净化装置包含一氧化碳变换工序（两系列）、酸性气体脱除工序（两系列）、冷冻工序和除氧站。从气化装置来的水煤气 [243.7℃，6.29MPa（G），水气比为 1.496] 分为两股：一股经回收热量后在变换炉中发生变换反应；另一股水煤气作为配气回收热量后与变换气混合，使混合气中 H_2/CO 的比例达到甲醇合成装置的要求。混合气进入洗氨塔的底部，经洗涤水洗掉变换气中的氨后送至酸性气体脱除工序。

酸性气体脱除工序采用低温甲醇洗技术。来自变换工序的变换气经脱硫、脱碳后得到净化气，送至甲醇合成装置。

冷冻装置采用丙烯压缩制冷技术，为酸性气体脱除工序提供冷量。

除氧站采用热力除氧和化学除氧相结合的除氧方式，为全厂工艺装置提供四个不同压力等级的除氧水。

硫回收装置采用山东三维公司开发的无在线炉硫回收和尾气处理技术。来自酸性气体脱除工序的酸性气经制硫炉焚烧、克劳斯转化反应将酸性气中 99.8% 的硫转化为单质硫。硫回收尾气经加氢反应、氨液吸收和焚烧后达标排放。

甲醇合成采用 DPT（davy process technology）串-并联式甲醇合成工艺，新鲜气以并联的形式进入两个合成塔，循环气以串联的形式进入两个合成塔。从净化装置来的净化气经脱氯、脱硫后进入甲醇合成塔，粗甲醇经闪蒸、精馏后得到 MTO 级甲醇送甲醇罐区。甲醇合成回路中的弛放气经过膜回收系统回收后形成氢气，富氢气返回甲醇合成单元，与新鲜合成气混合后进入合成回路；非渗透气进入变压吸附装置制取高纯度氢气送出界区，满足全厂用氢需求。

MTO 装置采用 SHMTO 技术，以甲醇合成装置生产的粗甲醇作为原料，经汽化过热后进入 MTO 反应器进行催化反应，反应气经气固分离和热量回收后进入急冷水洗工段制得轻烃混合气，作为烯烃分离装置的原料。

烯烃分离装置采用惠生工程（中国）有限公司的预切割＋油吸收技术，来自 MTO 装置的轻烃混合气，在本装置经压缩、分离、精馏等工艺后生产符合要求的聚合级乙烯和聚合级丙烯产品，同时副产丙烷，混合 C4、C5 及以上馏分、燃料气等副产品。

C4 烯烃转化装置采用 Lummus 烯烃转化工艺，以烯烃分离装置副产的混合碳四为主要原料，经脱二甲醚和二级加氢后与乙烯发生转化反应，产物经分离生产聚合级丙烯，大大提高了产品附加值。

LDPE 装置以上游装置生产的聚合级乙烯、丙烯、外购丙醛及产品添加剂为原料，采用 BASELL 管式法工艺技术，生产各种牌号的低密度聚乙烯产品，全部作为商品外销。

聚丙烯装置以烯烃分离装置和 C4 烯烃转化装置生产的聚合级丙烯为原料，烯烃分离装置生产的聚合级乙烯为共聚单体，采用 INEOS 的气相法聚合工艺生产各种牌号的聚丙烯树脂产品，全部作为商品外销。

神华新疆化工公司主要工艺流程见图 8.1。

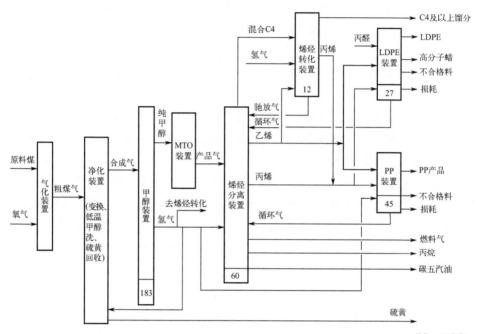

单位：万吨/年

图 8.1 神华新疆化工公司主要工艺流程

（3）专利情况

截至 2018 年 12 月底，神华新疆化工公司共获得专利授权 29 项，其中，发明专利 10 项，实用新型专利 19 项。专利《一种甲醇制烯烃污水的处理方法》《一种甲醇制烯烃装置开工方法》《一种 MTO 装置污水废气供风的烟气焚烧和热量回收装置》《一种甲醇制烯烃工艺反应产物的洗涤及冷凝的方法及设备》等已经成功运用于公司生产的主流程序中，为公司健康、可持续发展提供了坚实的基础，专利授权情况详见表 8.2。

◆ 表 8.2 神华新疆化工专利授权情况表

序号	专利号	专利名称	专利类型
1	CN201420087255.1	过滤净化装置	实用新型

序号	专利号	专利名称	专利类型
2	CN201420087028.9	洗气除尘装置	实用新型
3	CN201420152258.9	燃烧器和其配风装置以及甲醇制烃类再生器	实用新型
4	CN201420154435.7	气固分离及换热装置	实用新型
5	CN201420289398.0	分离装置	实用新型
6	CN201410178388.4	甲醇制烃类装置和其热介质循环方法	发明
7	CN201520300225.9	气化系统	实用新型
8	CN201520324394.6	润滑油净化系统	实用新型
9	CN201520533370.1	反渗透浓液的处理系统	实用新型
10	CN201520657340.1	汽提冷却设备及具有其的制烯烃装置	实用新型
11	CN201520670737.4	提取装置	实用新型
12	CN201520796908.8	蒸汽回收装置	实用新型
13	CN201520620994.7	引发剂注入系统和聚乙烯反应系统	实用新型
14	CN201620023220.0	液硫脱气系统	实用新型
15	CN201410241218.6	分离装置及分离方法	发明
16	CN201510247034.5	气相聚合系统及其喷嘴装置	发明
17	201620742990.0	复合助剂添加系统	实用新型
18	201620728061.4	表面蒸发式空冷器	实用新型
19	201510657981.1	反应气体的急冷系统及反应气体的急冷方法	发明
20	201510181682.5	甲醇制烯烃反应产品气的洗涤冷却装置和方法	发明
21	201510236854.4	气化系统及置换该系统内部气体的置换方法	发明
22	201720147702.1	污水池废气的处理装置	实用新型
23	201510246775.1	气相聚合系统及其喷嘴装置	发明
24	201720243350.X	取热装置	实用新型
25	201720254189.6	反渗透装置	实用新型

序号	专利号	专利名称	专利类型
26	201720254117.1	有机含氧化合物制烯烃装置	实用新型
27	201510505706.8	聚乙烯的制备方法、引发剂注入系统及聚乙烯反应系统	发明
28	201510614271.0	一种无规共聚聚丙烯及其制备方法	发明
29	201510432440.9	反渗透浓液的处理系统	发明

8.1.4 绿色制造重点工作情况

（1）自主创新的主体工艺

MTO（甲醇制烯烃）是煤制烯烃行业的关键技术，也是瓶颈技术，其关键在于高选择性、高稳定性催化剂开发，反应-再生工艺和反应器开发，产品方案及分离工艺开发。神华新疆化工公司采用神华自主研发的甲醇制烯烃（SHMTO）技术，利用连续反应-再生的密相循环流化反应形式和催化剂不完全再生工艺，并承担了"SHMTO工艺冷模实验项目"，验证SHMTO工艺的可行性，为SHMTO工艺工程化设计和装置开车提供支持。2016年9月23日，SHMTO装置成功打通流程，标志着神华自主研发的SHMTO工艺技术成功工业化放大投产，进一步提升了神华自主创新技术在世界煤化工行业中的领先地位，具有重要的里程碑意义。全新的SHMTO技术集成采用行业领先的反应器和再生器连续循环流化反应和再生技术、先进的原料和催化剂分布技术、反应器与催化剂快速分离技术及反应器床层内温度均匀技术、再生器湍流床低温贫氧再生技术等，优化反应器分离流程及工艺，具有反应空速低、待生催化剂及再生催化剂定碳高等工艺特点，并使用甲醇制烯烃专用催化剂，不仅提高了甲醇转化烯烃的选择性和反应效率，而且催化剂的耗损率也相对降低，大大节约了项目运行成本。

（2）全过程控制大气污染物排放

打赢蓝天保卫战是党的十九大做出的重大决策部署，原神华集团将该"战役"列为公司最为重点的工作之一，始终致力打造最美清洁能源企业，现国家能源集团也非常重视该项工作，编制《国家能源集团污染防治攻坚战行动计划》，要求集团内公司严格履行央企社会责任，进一步落实大气污染防治工作。公司主动作为，成立大气污染防治攻关小组，以技术创新为驱动，加大资金、人力投入，全面推进大气污染治理，降低大气污染物排放。

① 严格控制粉尘污染。设置全封闭储煤筒仓，一次性可密闭储煤 18 万吨；在输煤、运煤等过程中采用密闭的煤流系统，采用抑尘、降尘措施严格控制；设置厂内全封闭中转渣库 30000m²，用于储存气化渣、锅炉渣等一般固废，切实减少扬尘；严格煤、气化渣、锅炉渣等运输车辆密封要求，不做密封、覆盖或密封、覆盖不严的严禁出入厂，并在厂区设置车辆清洗平台，在运输车辆驶出厂前对车轮、车身进行冲洗，保持车辆洁净。

② 积极落实国家和地方挥发性有机物管控要求。优先选用低挥发性原辅材料，涉及物料采用内浮顶罐、压力球罐等，从源头减少挥发性有机物的泄漏。采用先进的 RCO 催化氧化工艺和生物滴滤＋生物过滤工艺将生产、废水收集过程中产生的挥发性有机物转化成二氧化碳、水等无害或低害物质，达到深度净化。

③ 优化运行，推进工艺烟气升级改造，降低大气污染物排放。对硫黄回收工艺进行优化，使二氧化硫减排率高于 90％，全年可减少二氧化硫排放 33.6 吨；实施废碱液烟气脱白改造，通过增加两级循环水换热器，将饱和蒸汽内含水率降低至百分之十以内，消除烟囱排放的白烟；开展第一轮清洁生产审核，从设计、原材料、生产过程、资源能源消耗、污染物排放等全过程进行全方位的评估和改进；进一步推进二氧化硫、氮氧化物、烟尘、挥发性有机物等大气污染物减排改造工作（图 8.2）。

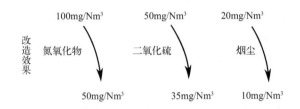

图 8.2　神华新疆化工公司超低排放改造绩效

④ 开展锅炉超低排放改造工作。锅炉烟气脱除原有工艺为：低氮燃烧＋SCR 脱硝＋湿式氨法脱硫＋电布袋除尘工艺。改造工艺为：氮氧化物脱除选用增加一层脱硝催化剂方式，二氧化硫、烟尘脱除选用脱硫除尘一体化改造工艺。

为确保超低排放改造工作能够顺利完成，公司领导亲自挂帅作战，制定详细施工方案，明确任务，倒排工期，顺利完成四台锅炉超低排放改造现场施工工作，烟气污染源在线监测系统与乌鲁木齐市生态环境局联网且完成验收工作。

（3）水体污染物近零排放

煤化工水质成分复杂，污染物浓度高，一直是国内外污水处理领域的一大难题。公司始终将废水治理作为重点工作之一，攻坚克难，采用国内外先进技术，全面推动废水治理工作，严守达标排放底线。

公司采用"生物滴滤工艺与生物过滤工艺组合生物降解""废水絮凝软化沉淀＋氨气提灰工艺预处理技术""高效反渗透膜技术"等，取得良好的环保效果，2018年共计处理污水1257万吨，经处理后326.82万吨达标污水排入园区污水处理厂，930.18万吨回用水用于循环水补水等回收利用，回用率达74%，外排污水达标排放率100%。

① 设置污水生化、含盐废水膜、高效膜浓缩、蒸发结晶等装置对全厂生产废水和生活废水进行深度处置，共计投资9.34亿元。

② 引进美国GE公司的絮凝软化沉淀＋氨气提灰水处理技术，建成国内首套350m³/h气化灰水预处理装置，破解了气化废水处理难的局面。

③ 顺利推进循环水冷却塔节水消雾一期改造项目，2018年已完成5台冷却塔节水消雾改造，改造后节水量61万吨/年。另外，结合已改造的成功经验，计划陆续对剩余14台冷却塔进行全部改造，计划总投资5700万元。

（4）节能工作情况

公司积极探索节能减耗先进技术及管理办法，通过班组能耗核算深入推广节能项目的技术改造及储备，节能减排制度不断完善修订，与公司各部门及中心配合。在各生产装置平稳运行的前提下，大力推进节能降耗工作，积极响应集团"节能先进示范单位"建设工作的要求，编制《神华新疆化工有限公司煤化工节能示范单位建设规划》，明确并分解未来公司的节能指标完成计划，制定切实有效的管控方案及管理措施，不断推进公用工程生产中心循环水节水消雾、烯烃生产中心MTO工艺及能源回收利用改造、热电生产中心热电联产、甲醇生产中心气化炉优化操作等项目。

节水方面，神华新疆化工公司在项目设计之初就对废水排放进行了系统研究和创新探索，设置了污水生化、含盐废水膜、高效膜浓缩、蒸发结晶等废水处理单元，努力实现污水处理后全部回用和"零排放"的国家最高环保要求，而且项目吨产品耗水量也大大下降，有力地践行了神华集团清洁能源发展战略，成为国内煤制烯烃产业的重点示范工程。通过持续推进全厂水质、水平衡管理，定期跟进水质、水平衡、水耗分析会议，进一步通过加强水的管控，优化操作，使神华新疆化工公司的产品水耗进一步降低。

8.1.5 绿色发展取得的主要成绩

作为一家新投产的煤制烯烃企业，依托母公司中国神华煤制油化工有限公司在煤化工领域积累的丰富经验，神华新疆化工公司在建厂时坚持高标准、严要求，坚持环保优先、生态立厂，加大环保投资力度，大力实施节能减排技改项目，集成应用行业领先工艺技术，建设先进的"三废"处理和环境监测设施，建立健全节能环保管理体系，各项经济及排放指标处于行业及集团公司前列。在环保治理方面，采用密闭的煤流系统，做到"用煤不见煤"；废气处理采用"低氮燃烧＋SCR脱硝法＋电袋除尘＋湿式氨法脱硫""无在线炉硫黄回收及尾气处理工艺""热催化氧化技术"；废水处理采用"生物滴滤工艺与生物过滤工艺组合生物降解""废水絮凝软化沉淀＋氨气提灰工艺预处理技术""高效反渗透膜技术"等，取得良好的环保效果。

公司正式投产后的第二年，即获得了工业和信息化以及财政部联合批复的绿色制造系统集成项目"煤制聚烯烃绿色关键工艺系统集成项目"，获批了新疆维吾尔自治区工信厅省级绿色工厂示范称号（表8.3）。

◆ 表8.3　神华新疆化工公司获奖情况

序号	奖励证书名称	授予机构	级别	相关图片
1	2016年度全国化学工业优质工程奖（180万吨/年甲醇合成装置）	全国化工工程建设质量奖评定委员会	国家级	
2	2016年度全国化学工业优质工程奖（水处理装置）	全国化工工程建设质量奖评定委员会	国家级	
3	战略性新兴产业项目	乌鲁木齐甘泉堡经济技术开发区（工业区）党工委员会	自治区级	
4	2017年度优秀企业奖	乌鲁木齐甘泉堡经济技术开发区（工业区）管理委员会	市级	

序号	奖励证书名称	授予机构	级别	相关图片
5	绿色工厂	新疆维吾尔自治区工信厅	自治区级	
6	招商引资先进单位	乌鲁木齐甘泉堡经济技术开发区（工业区）管理委员会	市级	
7	企业科技创新奖	新疆维吾尔自治区化学学会	自治区级	

　　下一步，神华新疆化工公司将坚持以习近平生态文明思想为总引领，牢记央企使命，深入贯彻"五大发展理念"，坚持环保优先，坚守生态红线，严格遵守相关法律法规，形成以自主知识产权为纽带、创新为驱动、绿色发展为核心的节能环保管理新面貌以及节约资源、环保管理和水土保持建设三位一体的生态文明管理体系，加大环保投资力度，采用国内外先进工艺技术，全面推进绿色发展、循环发展和低碳发展，实现低能耗、低排放的一流现代新型煤化工企业，力争成为行业的绿色领跑者。

8.2　绿色工厂创建情况

8.2.1　管理体系情况

8.2.1.1　管理体系概况

　　神华新疆化工公司自成立以来，始终以高起点、严要求为生产管理目标，以"安全环保、低耗高效、发展创新"为企业经营宗旨。为进一步提高企业管理水平，树立良好的公众形象，公司自2017年全面推行质量管理体系及环境管理体系标准，之后策划并建立了涵盖质量、环境、职业健康安全、能源、安全风险预控的管理体系。通过运用管理体系的系统化、过程化、指标化的管理方法，实施从原料管理、生产过程、产品出厂及售后服务的全过程规范控制，实现体系持续有效运行。企业深入持续开展各项体系的运行、监控、认证、监督等工作[2]。

（1）管理体系方针

依据质量管理体系、环境管理体系、职业健康安全管理体系和能源管理体系以及安全风险预控管理标准和法律法规要求，通过对企业内、外部环境的分析，并结合企业发展战略、顾客和其他相关方的需求，制定了企业质量、环境和职业健康管理方针以及能源管理方针，按照过程方法和 PDCA 循环[3] 的模式，编制了管理体系手册、程序文件、作业性文件，明确了各相关部门和岗位人员的管理职责。

管理方针：

依法治企，推动煤炭清洁利用，打造绿色企业。

安全第一，决策优先考虑安全，力争伤害为零。

以人为本，搭建员工发展平台，实现个人价值。

持续改进，优化工艺提升管理，实施风险预控。

（2）指导思想

深入贯彻落实党的十九大精神，坚持"依法治企，安全第一，以人为本，持续改进"安全环保方针，以全面夯实安全环保基础管理为主线，深化安全风险预控管理体系落地运行，全力推动业务保安和安全监管两条线的安全管理模式，重塑公司安全环保新形象，打造让地方政府、国家能源集团和煤制油化工公司放心的煤化工企业。

8.2.1.2 管理体系建设情况

（1）质量管理体系

质量管理体系以"生产优质产品，提供满意服务，开拓更大市场"为方针，建立有效的产品质量检验及考核标准，确保产品质量，并建立完善的管理机制，编制了公司质量手册，并于 2018 年完成质量管理体系的认证。

依据 ISO 9001 标准要求建立并保持质量管理体系，公司制定质量方针和目标，运用过程方法及各过程的输入、输出、管理职责、工作要求、绩效考核，并使其文件化。通过对质量管理体系全过程的管理，遵守法律法规和其他相关要求，以证实本公司具有不断提高顾客满意度和持续改进质量管理体系及产品质量水平的能力。

建立有效的实验室管理制度以及计量设备管理制度，确保检验结果的准确性。对不合格产品及质量事故进行处理，不断分析原因，持续改进产品质量指标。建立从上而下的管理框架，采用 PDCA 循环的管理原理，确定质量管理板块。

（2）职业健康安全管理体系

结合职业健康安全管理理念，公司依照 OHSAS 18001 职业健康安全管理体系的标准，对可能影响职业健康安全的关键要素提出符合本公司实际的管理要求，将其形成文件加以实施和执行，并不断完善，提高其执行力度，具体工作如下。

首先，建立、完善了职业健康安全管理体系文件，建立所需的目标和过程，以实现组织的职业健康安全方针所期望的结果；并对过程予以实施；依据职业健康安全方针、目标、法规和其他要求，对过程进行检测和测量，并报告结果；采取措施以持续改进职业健康安全管理绩效。

其次，公司通过不断完善职业健康安全管理组织机构，落实安全生产主体责任，进一步优化了职业健康安全管理网络，组织架构更加合理，责任更加明确，程序、制度、规程得到有效贯彻执行，公司职业健康安全管理系统高效、有序运转。

神华新疆化工公司通过对职业健康管理体系的不断优化，按照集团总部的严格要求进行职业健康安全管理，已经达到 GB/T 28001—2011 职业健康管理体系标准要求，拟于未来一年启动 GB/T 28001—2011 职业健康管理体系的认证工作。

（3）环境管理体系

公司结合环境管理理念，依照 ISO 14001 环境管理体系标准，对可能影响环境管理的关键要素提出了符合本公司实际的管理要求，并将其形成文件加以实施和保持，并且持续改进其有效性，具体工作如下。

公司为实现环境质量管理，积极开展环境管理体系认证的前期准备工作，遵循 PDCA 模式，建立所需要的目标和过程，以实现组织的环境方针所期望的结果；并对过程予以实施；根据环境方针、目标、指标以及法律法规和其他要求，对过程进行检测和测量，并报告其结果；采取措施，以持续改进环境管理体系。

通过不断完善环保管理架构，规范环保管理程序，健全环保管理制度，健全环境管理制度体系、责任体系、指标体系、评价体系，完善具有神华新疆特色的环境管理制度，并通过强化环保过程管控促进环境绩效持续改善与提升。

神华新疆化工公司通过对环境管理体系的不断优化，于 2018 年 10 月份取得 ISO 14001 环境管理体系认证。

（4）能源管理体系

公司结合能源管理理念，依照 ISO 50001 能源管理体系标准，对可能影响能源管理的关键要素提出符合本公司实际的管理要求，并将其形成文件加以实施和保持，并且持续改进其有效性。

神华新疆化工公司为实现能源管理信息化、系统化，积极开展能源管理体系认证前期准备工作，依据国家《能源管理体系　要求及使用指南》（GB/T 23331—2012）标准和适用法律法规，建立了能源管理方针、能源目标、过程和程序以及实现能源绩效目标，为制定、实施、实现、评审和保持能源方针提供所需的组织机构、规划活动、机构职责、惯例、程序、过程和资源。确保日常工作按照文件要求持续有效运行，并不断更新完善相关文件。具体工作内容如下：① 覆盖公司现有产品和服务中与能源管理有关的内部过程和外包过程；② 全面、广泛地开展能源评审，评价用能情况，确定主要用能区域，识别节能环节和改进机会；③ 建立能源管理基准、参数、目标和指标；④ 系统地整合与能源消耗有关的制度、措施和方法；⑤ 开展能耗监视、测量和分析；⑥ 建立产品和服务中节能技术和管理机制；⑦ 创造识别持续改进机会，并实施改进机制。

策划并确定了可行的方法，并持续改进能源绩效和能源管理体系。神华新疆化工公司能源管理体系与其他管理体系相结合，建立了能源绩效管理、能源评审管理、能源基准管理、能源体系法律法规管理等能源管理方面的制度。

神华新疆化工公司通过对能源管理体系的不断优化，已经达到 ISO 50001 能源管理体系标准要求，ISO 50001 能源管理体系认证工作已内部立项。

（5）安全风险预控管理体系

公司推行的安全风险预控管理体系是公司管理体系的重要组成部分，是实现公司安全发展、健康发展、清洁发展的重要保证，公司承诺保持并持续改进安全风险预控管理体系，以追求卓越的安全风险预控管理绩效。具体工作如下。

首先，公司建立《安全风险预控管理体系安全管理手册》，本手册依据 Q/SHJ 1010—2014《煤化工企业安全风险预控管理体系要求》，并结合公司实际编制而成。本手册概述了公司安全风险预控管理体系及相关要求，是公司各所属单位员工及相关方贯彻执行公司安全风险预控管理体系的指导性文件。

其次，公司成立以公司总经理为组长的"内部控制和全面风险管理领导小组"，建立公司等级风险和内控管理体系，包括风险识别与评估、风险管控策划、风险管控目标等，将风险管理及内控要求全面融入"三项制度"，融入具体业务，通过规范化的、标准化的制度和流程防控风险。各相关部门负责内外部环境因素信息的获取、应对风险和机遇策划相关职责的实施；质量技术部负责内外环境因素识别与评价，策划应对风险和机遇的方案，并监督实施。

8.2.2 产品情况

神华新疆产品生态设计秉持"绿色生态理念",以生产无毒无害的绿色化工产品为目标,控制产品中有毒有害物质的含量。

(1) 原材料选择绿色化

目前,国内聚乙烯、聚丙烯需求增长绝对值依然较大,当量消费存在较大缺口,以石油为主要路径的工艺路线仍占据国内聚乙烯、聚丙烯生产的绝对主导地位,对我国的能源安全问题造成影响,稳步发展煤制聚烯烃是煤炭深加工产业发展政策的布局与发展重点之一。神华新疆化工公司以煤炭为原料生产聚乙烯(PE)、聚丙烯(PP)等化工产品,能够大幅减少煤炭使用过程中的二氧化碳排放量,基本不产生氮氧化物和几乎完全回收煤炭中的硫元素,发挥煤炭深加工产业优势,实现煤炭清洁高效利用和煤炭产业转型升级,完善和延长煤炭下游产业链,提升煤炭经济价值,为聚烯烃行业原料多元化发展提供重要支撑,是国家重点扶持的技术发展方向。同时,通过大力发展煤化工新型能源转化技术,推动煤制聚烯烃行业的发展,事关国家能源安全战略大局,也事关煤炭行业去产能、去库存难题,有利于实现创新发展、转型升级的大局目标。

神华新疆化工公司采用的原料煤有害元素含量总体上较低,总体为特低氟、低氯、低磷、一级含砷煤,来自红沙泉煤矿一号露天矿,按照中国煤炭分级标准的规定,红沙泉一号露天煤矿代表性煤为高全水分、特低灰、特低硫、中高挥发分、中等固定碳、高发热量煤。燃料煤是良好的动力用煤,能够降低燃煤对环境的影响,来自准东煤田五彩湾矿区五号露天矿,煤种为中-高水分、特低-低灰、中高-高挥发分、特低-低硫、特低-中磷、低-高软化温度灰、含油、高发热量的31号不粘煤以及低灰、特低硫、特低磷、特低氯、高热值、富油、较低软化温度灰的41号长焰煤,可作为动力用煤、气化用煤、炼油煤和民用煤。

(2) 产品性能绿色化

神华新疆产品执行的是神华集团内部企业标准《聚乙烯树脂》(QDQ SHM 0010—2017);《聚丙烯树脂》(QDQ SHM 0009—2017等),生产的树脂材料系列产品具有无毒、无味、无臭的特征,产品中不含有任何有毒有害物质,体现产品生态设计的理念。

① 挤出薄膜类聚乙烯(LDPE)树脂2426F。

产品特性:外观为本色、圆柱状或扁圆状乳白色颗粒,无毒、无味、无臭,密度为 (0.923 ± 0.002) g/cm^3,熔体质量流动速率 (0.8 ± 0.20) g/10min $(190℃、2.16kg)$。

② 挤出薄膜类聚乙烯（LDPE）树脂2426H。

产品特性：外观为本色、圆柱状或扁圆状乳白色颗粒，无毒、无味、无臭，密度为（0.923±0.002）g/cm^3，熔体质量流动速率（2.0±0.30）g/10min（190℃、2.16kg）。

③ 挤出薄膜类聚乙烯（LDPE）树脂产品2420D。

产品特性：外观为本色、圆柱状或扁圆状乳白色颗粒，无毒、无味、无臭，密度为（0.923±0.002）g/cm^3，熔体质量流动速率（0.30±0.05）g/10min（190℃、2.16kg）。

④ 挤出薄膜类聚乙烯（LDPE）树脂2426K。

产品特性：外观为本色、圆柱状或扁圆状乳白色颗粒，无毒、无味、无臭，密度为（0.924±0.002）g/cm^3，熔体质量流动速率（4.0±0.40）g/10min（190℃、2.16kg）。

⑤ 挤出薄膜类聚乙烯（LDPE）树脂1810D。

产品特性：外观为本色、圆柱状或扁圆状乳白色颗粒，无毒、无味、无臭，密度为（0.919±0.002）g/cm^3，熔体质量流动速率（0.30±0.05）g/10min（190℃、2.16kg）。

⑥ 注塑类聚乙烯（LDPE）树脂2420Z。

产品特性：外观为本色、圆柱状或扁圆状乳白色颗粒，无毒、无味、无臭，熔体质量流动速率（0.2～50）g/10min（190℃、2.16kg）。

⑦ 注塑类聚丙烯（PP）树脂K8003。

产品特性：外观为本色颗粒，无色、无味、无毒、无臭，熔体质量流动速率为（2.5±0.50）g/10min（230℃、2.16kg）。

⑧ 注塑类聚丙烯（PP）树脂K8003B。

产品特性：外观为本色颗粒，无色、无味、无毒、无臭，熔体质量流动速率为（2.5±0.50）g/10min（230℃、2.16kg）。

⑨ 注塑类聚丙烯（PP）树脂K8005。

产品特性：外观为本色颗粒，无色、无味、无毒、无臭，熔体质量流动速率为（5.0±1.00）g/10min（230℃、2.16kg）。

⑩ 注塑类聚丙烯（PP）树脂K4608。

产品特性：外观为本色颗粒，无色、无味、无毒、无臭，熔体质量流动速率为（8.0±2.0）g/10min（230℃、2.16kg）。

⑪ 注塑类聚丙烯（PP）树脂K9935。

产品特性：外观为本色颗粒，无色、无味、无毒、无臭，熔体质量流动速率为（35±8.0）g/10min（230℃、2.16kg）。

⑫ 窄带类聚丙烯（PP）树脂 S1003。

产品特性：外观为本色颗粒，无色、无味、无毒、无臭，熔体质量流动速率为（3.0±0.6）g/10min（230℃、2.16kg）。

⑬ 纤维类聚丙烯（PP）树脂 S2040。

产品特性：外观为本色颗粒，无色、无味、无毒、无臭，熔体质量流动速率为（38±7）g/10min（230℃、2.16kg）。

⑭ 挤出薄膜和流延薄膜类聚丙烯（PP）树脂 F1002B。

产品特性：外观为本色颗粒，无色、无味、无毒、无臭，熔体质量流动速率为（3.0±0.6）g/10min（230℃、2.16kg）。

⑮ 挤出薄膜和流延薄膜类聚丙烯（PP）树脂 F3002B。

产品特性：外观为本色颗粒，无色、无味、无毒、无臭，熔体质量流动速率为（2.0±0.4）g/10min（230℃、2.16kg）。

8.2.3 能源与资源情况

8.2.3.1 能源投入

（1）总体用能分析

神华新疆化工公司所在地具有丰富的煤炭资源，煤炭既作为能量来源，也作为原材料，用于生产国内市场广阔的高附加值塑料产品，生产过程中主要消耗的能源实物为煤炭、电、水等[3]。

神华新疆化工公司各装置工艺、设备均采用了多种节能技术，选择节能型设备，从根本上实现了装置的节能减排。如气化选用高性能气化炉，在使产品质量和处理负荷提高的同时，单耗、能耗都大大降低；换热器合理选择温差，合理选择管程和壳程的介质，提高换热效率；采用新型高效填料，降低塔内压降，节省蒸汽消耗；优质绝热材料的使用，减少了热、冷损失和压力损失；新型高效的机泵，降低装置用电负荷，提高能量转换效率。2017—2018 年神华新疆化工公司生产过程的能源投入详见表 8.4 和表 8.5。

◆ 表 8.4 2017 年综合能源消耗分析表

序号	名称	单位	用量	折标系数	能耗总量/tce
1	水	万 t	1017.149	2.143	2179.75
2	电	万 kW·h	86786.80	1.229	106664.66
3	原料煤	t	2217395.65	0.805	1785003.50

序号	名称	单位	用量	折标系数	能耗总量/tce
4	燃料煤	t	857762.85	0.742	636460.03
5	柴油	t	195.85	1.457	285.35
能源输入小计		tce		2530593.29	
产品产量		万 t		45.14	
单位单品能耗情况		tce/t		5.61	

◆ 表 8.5 2018 年综合能源消耗分析表

序号	名称	单位	用量	折标系数	能耗总量
1	水	万 t	1230.25	2.143	2636.43
2	电	万 kW·h	99378.95	1.229	122136.73
3	原料煤	t	2873954.21	0.805	2313245.74
4	燃料煤	t	860937.23	0.742	638815.42
5	柴油	t	262.99	1.457	383.18
能源输入小计		tce		3077217.50	
产品产量		万 t		63.36	
单位单品能耗情况		tce/t		4.86	

通过表 8.4 可知，2017 年神华新疆化工公司能源总投入为 2530593.29tce；通过表 8.5 可知，2018 年能源总投入为 3077217.50tce。

我公司 2018 年除 3 月 8 日晃电及 8 月份停工消除缺失大部分装置停车外，其余月份各装置平稳生产，与上一年同期相比新疆公司原料煤消费占比大幅提高，燃料煤消费占比大幅下降，能源结构正在逐步优化。

（2）双聚产品能源消耗对标情况

根据神华新疆化工公司 2017 年能源总投入 2530593.29tce 和聚烯烃产品产量 45.14 万吨，可以得出 2017 年聚烯烃单位产品能耗为 5.61 吨标准煤/吨产品，优于集团公司给企业下达的 5.95 吨标准煤/吨产品的能耗指标。2018 年能源总投入 3077217.50tce，聚烯烃产品产量 63.36 万吨，可以得出 2018 年聚烯烃单位产品能耗为 4.86 吨标准煤/吨产品，优于集团公司给企业下达的 5.85 吨标准煤/吨产品的能耗指标。

2017 年和 2018 年神华新疆化工公司能源消费结构图见图 8.3。

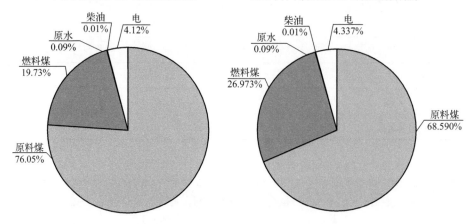

图 8.3　神华新疆化工公司能源消费结构图

（3）节能工作实施情况

① 引进世界上先进的工艺技术、设备和高效的催化剂等，从根本上减少能耗。

② 各工艺装置选择技术路线时，将低能耗及采用节能新技术和新工艺作为主要的选择因素。

③ 充分利用工艺余热和反应热副产蒸汽，进行低温位能量回收，进行装置用能优化，合理利用温位，提高能量利用水平，做到能量综合利用。

④ 在全厂总流程设计中，搞好物料的平衡和能量的综合利用。副产的可燃物料充分回收利用，尽可能减少排放。

⑤ 合理进行总平面布置，在符合有关安全规范的要求下，减少倒运，减少中间储运环节，缩短物料输送距离，降低动力消耗。

⑥ 合理安排全厂蒸汽平衡，利用装置反应热生产高品位蒸汽，实现蒸汽的逐级利用。

⑦ 提高装置控制水平，通过数学模型实现对多变量参数的控制，并带有预测功能，能使原料和各项公用工程的消耗处于最佳值，并显著减少生产波动，降低能耗。

⑧ 优化控制操作单元，减少火炬排放，降低能耗物耗。

⑨ 采用新型高效机泵及其他节能产品，降低装置用电负荷，提高能量转换效率。

⑩ 尽量采用空冷器，减少循环冷却水用量。

8.2.3.2　资源投入

（1）原辅料投入情况

神华新疆化工公司的主要原料为气化用原料煤；燃料为动力中心锅炉燃料煤；辅助物料主要为催化剂、干燥剂、添加剂等化学品。主要原料、辅料消耗量见表 8.6。

◆ 表 8.6　2018 年项目使用原料、辅料明细

序号	名称	单位	年总耗	备注
一、原材料				
1	原料煤	万 t	287	气化装置
2	丙醛	万 t	0.04	LDPE 装置
二、化工三剂				
1	MTO 催化剂	t	650.1	MTO 装置
2	磷酸三钠	t	2.57	MTO 装置
3	碱液	t	1619.19	MTO 装置
4	碱液	t	1524.13	烯烃分离装置
5	黄油抑制剂	t	110.49	烯烃分离装置
6	除氧剂	t	8.73	烯烃分离装置
7	产品气压缩机阻聚剂	t	5.24	烯烃分离装置
8	C3 产品阻聚剂	t	1.66	烯烃分离装置
9	脱丁烷塔阻聚剂	t	1.02	烯烃分离装置
10	聚丙烯装置主催化剂	t	36.61	聚丙烯装置
11	三乙基铝	t	47.37	聚丙烯装置
12	改性剂 DIB	t	16.61	聚丙烯装置
13	K8003 复配剂	t	10.7	聚丙烯装置
14	S1003 复配剂	t	587.78	聚丙烯装置
15	异十二烷	t	330.18	聚乙烯装置
16	丙醛	t	294.95	聚乙烯装置
17	过氧化特戊酸叔丁酯（TBPPI）	t	17.94	聚乙烯装置

序号	名称	单位	年总耗	备注
18	过氧化-2-乙基己酸叔丁酯（TBPEH）	t	19.47	聚乙烯装置
19	过氧化-3,5,5-三甲基己酸叔丁酯（TBPIN）	t	40.53	聚乙烯装置
20	过氧化二叔丁基（DTBP）	t	34.78	聚乙烯装置
21	芥酸酰胺	t	104.87	聚乙烯装置
22	开口剂（硅藻土）	t	702.62	聚乙烯装置
23	锅炉水除氧剂	t	0.88	聚乙烯装置
24	磷酸三钠	t	0.1	聚乙烯装置
25	缓蚀剂	t	0.48	聚乙烯装置
26	乙二醇	t	5.8	聚乙烯装置
27	水煤浆添加剂（GE）	t	40046.18	气化装置
28	分散剂	t	949.75	气化装置
29	絮凝剂	t	31.11	气化装置
30	聚合物 A	t	559.97	气化装置
31	聚合物 B	t	1.85	气化装置
32	浓硫酸	t	1131.13	气化装置
33	碱液	t	5201	气化装置
34	柠檬酸	t	0.08	气化装置
35	磷酸盐	t	4.36	净化装置
36	精甲醇	t	1215.15	净化装置
37	联氨	t	0.52	净化装置
38	MDEA	t	5	硫黄回收装置
39	脱模剂	t	2.23	硫黄回收装置
40	磷酸盐	t	1.98	硫黄回收装置
41	碱液	t	91.52	硫黄回收装置
42	磷酸氢二钠	t	0.53	甲醇合成装置
43	磷酸三钠	t	0.75	甲醇合成装置
44	PAC	t	651.91	净水厂装置

序号	名称	单位	年总耗	备注
45	PAM（阴离子）	t	4.98	净水厂装置
46	工业级次钠	t	83.48	净水厂装置
47	食品级次钠	t	3.34	净水厂装置
48	工业级次钠	t	172.17	一循 A 装置
49	浓硫酸	t	14.94	一循 A 装置
50	氯化钙	t	8.99	一循 A 装置
51	碳酸钠	t	14.87	一循 A 装置
52	阻垢缓蚀剂 3DT131NC	t	14.93	一循 A 装置
53	分散剂 3DT120	t	11.61	一循 A 装置
54	缓蚀剂 3DT198NC	t	1.9	一循 A 装置
55	杀菌剂 N7330	t	2	一循 A 装置
56	缓蚀剂 N7384	t	1.03	一循 A 装置
57	工业级次钠	t	319.43	一循 B 装置
58	浓硫酸	t	14.89	一循 B 装置
59	氯化钙	t	10.25	一循 B 装置
60	碳酸钠	t	11.57	一循 B 装置
61	阻垢缓蚀剂 3DT131NC	t	18.4	一循 B 装置
62	分散剂 3DT120	t	12.9	一循 B 装置
63	缓蚀剂 3DT198NC	t	3.47	一循 B 装置
64	杀菌剂 N7330	t	0.02	一循 B 装置
65	缓蚀剂 N7384	t	0.84	一循 B 装置
66	工业级次钠	t	438.59	二循装置
67	浓硫酸	t	24.86	二循装置
68	氯化钙	t	3.17	二循装置
69	碳酸钠	t	4.97	二循装置
70	阻垢缓蚀剂 3DT131NC	t	17.41	二循装置
71	分散剂 3DT120	t	16.19	二循装置

序号	名称	单位	年总耗	备注
72	缓蚀剂 3DT198NC	t	2.16	二循装置
73	杀菌剂 N7330	t	0.82	二循装置
74	生物分散剂 N73500	t	0.01	二循装置
75	缓蚀剂 N7384	t	1.36	二循装置
76	葡萄糖	t	53.59	污水生化装置
77	聚合氯化铝	t	15.82	污水生化装置
78	P 营养盐	t	1.15	污水生化装置
79	碳酸钠	t	0.7	污水生化装置
80	尿素	t	17.18	污水生化装置
81	阳离子聚丙烯酰胺	t	5.2	污水生化装置
82	阴离子聚丙烯酰胺	t	0.18	污水生化装置
83	生物增效剂 BC5100	t	1.98	污水生化装置
84	生物增效剂 BC5800	t	0.99	污水生化装置
85	浓硫酸 98%	t	1294.51	膜处理装置
86	盐酸 31%	t	1721.64	膜处理装置
87	液碱 32%	t	1973.62	膜处理装置
88	熟石灰	t	5791.36	膜处理装置
89	阻垢剂 MDC759	t	19.96	膜处理装置
90	阻垢剂 MSI410	t	11.47	膜处理装置
91	膜清洗剂 MCT411	t	0.15	膜处理装置
92	杀菌剂 MBC2881	t	19.53	膜处理装置
93	超滤清洗剂 DJ-UF201	t	0.55	膜处理装置
94	超滤清洗剂 DJ-UF401	t	0.08	膜处理装置
95	次氯酸钠 10%	t	691.02	膜处理装置
96	亚硫酸氢钠	t	157.18	膜处理装置
97	三氯化铁	t	586.78	膜处理装置
98	碳酸钠	t	1527.99	膜处理装置

序号	名称	单位	年总耗	备注
99	氯化钠	t	848.32	膜处理装置
100	十二烷基苯磺酸钠	t	52.8	膜处理装置
101	柠檬酸	t	15.78	膜处理装置
102	氧化镁	t	6	膜处理装置
103	液碱 32%	t	129.7	蒸发结晶装置
104	浓硫酸 98%	t	6.98	蒸发结晶装置
105	联氨	t	0.23	化学水装置
106	磷酸三钠	t	0.11	化学水装置
107	次氯酸钠溶液	t	42.3	化学水装置
108	亚硫酸氢钠	t	13.5	化学水装置
109	反渗透阻垢剂	t	49.93	化学水装置
110	反渗透膜酸性清洗剂	t	4.6	化学水装置
111	反渗透膜碱性清洗剂	t	4	化学水装置
112	硫酸	t	587.27	化学水装置
113	氢氧化钠	t	1314.52	化学水装置
114	氢氧化钠（99%）	t	0.16	化学水装置
115	非氧化杀菌剂	t	2.3	化学水装置
116	液氨	t	558.35	锅炉装置
117	液氨	t	3586.98	脱硫除灰装置
118	聚丙烯酰胺（助凝剂）	t	0.18	卸储煤装置
119	聚合氯化铝（混凝剂）	t	5.38	卸储煤装置

（2）节约原材料的工作开展情况

① 硫黄回收。

硫黄回收装置本身就是一项环保措施，将本项目中含 H_2S 的废气送入硫黄回收装置回收硫，可作为副产品外售。回收的酸性气主要来自以下装置。

在正常情况下，一氧化碳变换装置酸性水汽提塔排放的酸性气含 H_2S、CO、NH_3、HCN 等污染物，送硫黄回收装置回收硫。

酸性气体脱除装置克劳斯气分离器排放的酸性气含 H_2S、COS、CO、甲醇等，其中 H_2S 浓度大于 30%（体积分数），经克劳斯气换热器复热后送硫回收装置回收硫。

硫黄回收装置首先通过二级克劳斯反应回收各装置酸性气中的硫，再通过尾气处理，即加氢还原＋溶剂吸收＋尾气焚烧的方式，继续减少含硫污染物的排放量，最终尾气焚烧炉烟气经烟囱达标排入大气。硫黄回收装置硫回收率可达 99.8% 以上。

② 排放气循环利用。

聚丙烯、聚乙烯及烯烃转化装置设置了排放气回收系统，该系统通过对共聚单体以及产品脱气料仓排放物流中的异戊烷进行回收，提高单体的总回收率。另外，排放气回收系统还用于将产品脱气料仓排放气中含有的氮气（和轻烃）循环回产品卸料系统，以减少氮气耗量。

通过设置循环气系统，可以使物料重复利用，降低物料损耗，同时也大大降低了废气的排放量。

③ MTO 工艺及能源回收升级改造。

由于甲醇制烯烃催化剂的再生方式为不完全再生，再生烟气中含有大量的 CO，因此 MTO 工艺中设置了 CO-余热锅炉，通过补燃系统将烟气中的 CO 转化为 CO_2，在满足环保要求的同时回收 CO 的化学能和热能。

8.2.4 污染物排放情况

神华新疆化工公司自 2012 年 3 月 7 日开工建设至今，累计投资超过 245 亿元，其中环保设施总投入超过 30 亿元，占总投资的 10% 以上，生产过程中产生的废气、废水、废渣等污染物经污染物处理设备处理后，排放满足国家、地方和行业标准的要求。神华新疆化工公司自投入试生产以来，各项环保指标都保持了较高水平。

8.2.4.1 大气污染物排放

神华新疆化工公司选用低硫、低灰、高燃值的煤作为燃料，降低污染物产生量，并采取电袋除尘技术、氨法脱硫技术、选择性催化还原烟气脱硝（SCR）工艺技术、低氮燃烧技术等，最终烟气经 210m 高烟囱达标排入大气，有效降低了大气污染物的排放量。输煤系统采用干雾抑尘装置、微动力除尘装置、脉冲布袋除尘器等设施降低粉尘；锅炉烟气采用低氮燃烧＋SCR 脱硝工艺＋电袋除尘工艺＋湿式氨法脱硫工艺去除烟气中 SO_2、NO_x、烟尘；酸性气通过 Claus 硫黄回收工艺专门回收处理；有机烃类废气采用催化氧化技术将有害的挥发性有机物转化为二氧化碳和水；有机污水产生的气体采用生物滴滤工艺＋生物过滤工艺＋紫外光技术收集并处理[4]。

（1）达标排放情况

各项废气排放值均实现低于国家排放标准，满足《锅炉大气污染物排放标准》（GB 13271—2014）、《恶臭污染物排放标准》（GB 14554—1993）的规定，同时满足新疆维吾尔自治区《关于重点区域执行大气污染物特别排放限值的公告》（环保厅公告 2016 年 45 号）中关于重点区域污染物排放的标准，详见表 8.7。

◆ 表 8.7　2018 年神华新疆化工公司大气污染物排放及达标情况

日期	检测点位	污染物项目	排放量/（mg/m³）		是否达标
			排放标准	企业排放值	
2018.04.25	锅炉废气 1 号总排口	颗粒物	20	9.4	达标
		SO_2	50	13	达标
		NO_x	100	23	达标
2018.09.11		颗粒物	20	4.6	达标
		SO_2	50	31	达标
		NO_x	100	62	达标
2018.04.25	锅炉废气 2 号总排口	颗粒物	20	3.8	达标
		SO_2	50	23	达标
		NO_x	100	56	达标
2018.09.11		颗粒物	20	7.9	达标
		SO_2	50	16	达标
		NO_x	100	22	达标
2018.09.11	大气污染物无组织排放	二氧化硫	0.60	0.010	达标
		二氧化氮	5.0	＜0.005	达标
		PM_{10}	70	0.093	达标
		臭气浓度		＜10	达标
		氨		0.19	达标
		硫化氢		$＜1.0×10^{-3}$	达标
		非甲烷总烃		0.18	达标
		甲醇		＜2	达标
		甲醇硫		$＜1.0×10^{-3}$	达标
		甲硫醚		$＜1.0×10^{-3}$	达标
		二甲二硫		$＜1.0×10^{-3}$	达标
		二硫化碳		＜0.03	达标
		三甲胺		$＜2.5×10^{-3}$	达标
		苯乙烯		$＜1.5×10^{-3}$	达标

由表 8.7 可知，神华新疆化工公司生产经营过程中排放的有组织废气主要包括各生产装置的工艺废气、开工锅炉烟气等，主要污染物有颗粒物、SO_2、NO_x 等。神华新疆化工公司排放限值均显著低于《锅炉大气污染物排放标准》（GB 13271—2014）规定的颗粒物排放 $30mg/m^3$、SO_2 排放 $200mg/m^3$、NO_x 排放 $200mg/m^3$ 的限值。

神华新疆化工公司除臭系统排放的恶臭气体种类包括 H_2S、NH_3、O_3 三类，其实际排放量分别为 $0.106mg/m^3$、$0.24mg/m^3$、$<10mg/m^3$，排放量远低于《恶臭污染物排放标准》（GB 14554—1993）中规定的限值（其中，H_2S 为 $5.0mg/m^3$、NH_3 为 $0.60mg/m^3$、O_3 为 $70mg/m^3$）。

（2）废气处理措施

神华新疆化工公司针对废气处理的流程主要包括废气除尘处理、废气洗涤/吸附处理、废气焚烧处理、恶臭物质治理、烟气排放治理、无组织排放控制、非正常工况废气治理和硫黄回收等 8 个环节。其中，废气回收与综合利用具体包括燃料气回收、硫黄回收、排放气循环利用等 3 个部分。

① 废气除尘处理。

运煤系统的转运站、煤仓间等设置机械除尘装置。含尘气体经除尘器过滤后直排至大气，室内空气含尘浓度低于 $6mg/m^3$，排放气体的含尘浓度低于 $120mg/m^3$。转运站、煤仓间等采用袋式除尘器，除尘系统与相应的运煤设备联合运行。

煤气化装置煤仓排放的含尘废气通过仓顶设置的袋式过滤器除尘，除尘后的废气通过引风机经排气筒排入大气。

MTO 装置再生器再生烟气经过三级旋风处理后排入大气。

② 废气洗涤/吸附处理。

酸性气体脱除装置内设有尾气洗涤塔，对二氧化碳排放气用除盐水洗涤降低其中的甲醇、一氧化碳、硫化氢等污染物浓度，并回收甲醇，洗涤后的二氧化碳排放气再通过吸收塔顶设置的排气筒排入大气。

③ 废气焚烧处理。

在 LDPE 装置设置热氧化炉，处理 LDPE 和 PP 装置产生的工艺废气。

④ 恶臭物质治理。

对于装置产生的恶臭气体，首先采用当前先进、成熟、可靠的工艺技术，保证整个生产过程为密闭运行，从而降低恶臭气体产生量；在设计和采购过程中，应加强设备、储罐、管道、阀门等的密封性，防止恶臭气体的泄漏；污水处理厂设置臭气收集与处理系统。

⑤ 动力站锅炉烟气排放治理。

动力中心设 4 台 480t/h（3 开 1 备）高温高压燃煤锅炉，选用低硫、低灰、高燃值的煤作为燃料，降低污染物的产生量，并采取电袋除尘技术、氨法脱硫技术、选择性催化还原烟气脱硝（SCR）工艺技术、低氮燃烧技术等，最终烟气经 210m 高烟囱达标排入大气。

⑥ 无组织排放控制。

各装置选用先进、成熟可靠的工艺技术，生产过程密闭；工艺管线及设备法兰的密封面和垫片适当提高密封等级，必要时采用焊接连接；对转动设备进行有效的设计，尽可能防止烃类物料泄漏；搅拌设备的轴封选择泄漏率低的密封形式；设备、管线检修后进行气密性试验。

罐区根据物料的性质合理选用储存设备，并采取压缩、保温、制冷等措施，以尽可能减少废气的排放。

转渣场设置喷水设施、防雨棚和半封闭库。

⑦ 非正常工况废气治理。

为有效处理各装置开、停车及紧急情况下排放出来的可燃气体，项目在各相关装置内设置了火炬气收集系统（含火炬气分液罐），收集到的火炬气排放至全厂火炬总管，送全厂火炬进行燃烧处理。

⑧ 硫黄回收。

神华新疆化工公司通过对硫黄回收技术进行改造，有效削减了 SO_2 的排放量，从而降低了对环境的污染性和破坏性。在硫黄回收过程中，酸性气首先在酸性气体燃烧炉中进行部分燃烧，然后在两个串联的转化器中，在催化剂的作用下使 SO_2 与 H_2S 进行克劳斯反应生成单质硫。2017 年 7 月 21 日，硫黄技术未改造前，SO_2 排放实测浓度为 $152mg/m^3$；硫黄技术经改造后，2017 年 12 月 4 日，SO_2 排放实测浓度降至 $31.5mg/m^3$；硫黄技术的改造使得 SO_2 的排放量显著降低（78.28%），降排效果显著。

表 8.8 详细阐述了公司废气产生的环节、废气名称、治理措施及排放去向。图 8.4～图 8.6 介绍了热电生产中心废气处理、硫黄回收阶段废气处理及 MTO 再生烟气处理的工艺流程。

◆ 表8.8 废气产生及治理情况一览表

装置名称	序号	废气名称	排放规律	污染物名称	排气筒高度/m	排气筒个数/个	治理措施及排放去向	备注
气化装置	1	煤储仓袋式除尘器废气	连续	煤尘	50	3	大气	单机收尘
	2	高压闪蒸分离器排放气	连续	H_2、CO、CO_2、Ar、N_2、NH_3、H_2S、COS、H_2O	/	/	净化装置变换单元	/
	3	真空泵分离器排放气	连续	CO、H_2S、NH_3	35	8	大气	废气湿度大，无法监测
	4	除氧水槽排放气	连续	H_2O、H_2、CO、CO_2、N_2、H_2S、COS	/	/	酸性气火炬燃烧处理	/
	5	灰水氨汽提塔再沸器不凝气	连续	H_2O、H_2、CO、CO_2、H_2S、NH_3、CH_4	/	/	硫黄回收单元	/
	6	灰水氨汽提塔回流罐排放气	连续	H_2O、NH_3	/	/	动力中心	/
净化装置	1	变换工段二氧化碳汽提器、分离器不凝气	连续	CO_2、H_2S、COS、CH_4、NH_3、N_2、Ar、H_2O、HCN	/	/	硫黄回收单元	/
	2	变换工段氨汽提器、分离器不凝气	连续	CO、H_2、CO_2、H_2S、COS、NH_3、N_2、Ar、H_2O、HCN	/	/	硫黄回收单元	/
	3	酸性气脱除酸性气	连续	CO、CO_2、N_2、H_2S、COS、CH_3OH、HCN	/	/	硫黄回收单元	/

装置名称	序号	废气名称	排放规律	污染物名称	排气筒高度/m	排气筒个数/个	治理措施及排放去向	备注
净化装置	4	酸性气脱除尾气洗涤塔尾气	连续	CO、CO$_2$、H$_2$S+COS、CH$_3$OH	110	1	大气	监测
	5	硫回收尾气焚烧炉烟气	连续	SO$_2$、NO$_x$	110	1	大气	监测
甲醇合成装置	1	蒸汽过热炉烟气	连续	NO$_x$	47	1	大气	监测
	2	粗甲醇闪蒸罐闪蒸气	连续	H$_2$、CO、CO$_2$、N$_2$、CH$_4$、Ar、CH$_3$OH、轻组分、H$_2$O	/	/	回收作燃料气	/
	3	稳定塔回流罐不凝气	连续	H$_2$、CO、CO$_2$、N$_2$、CH$_4$、Ar、CH$_3$OH、轻组分	/	/	回收作燃料气	/
	4	变压吸附解析气	连续	H$_2$、CO、CO$_2$、N$_2$、CH$_4$、Ar、CH$_3$OH、轻组分、H$_2$O	/	/	回收作燃料气	/
MTO	1	再生烟气	连续	颗粒物	110	1	大气	监测
烯烃分离装置	1	干燥器再生气	间断	颗粒物	50	1	大气	间断运行
	2	乙炔加氢反应器再生气	间断	颗粒物	50	1	大气	间断运行
烯烃转化装置	1	1段加氢反应器再生尾气	间断	CO	15	1	大气	间断运行
	2	2段加氢反应器再生尾气	间断	CO	15	1	大气	间断运行

装置名称	序号	废气名称	排放规律	污染物名称	排气筒高度/m	排气筒个数/个	治理措施及排放去向	备注
烯烃转化装置	3	OCT反应器再生尾气	间断	CO	15	1	大气	间断运行
	4	OCT反应器进料加热器烟气	连续	SO_2、NO_x	30	1	大气	监测
	5	再生器加热器尾气	间断	SO_2、NO_x	23	1	大气	监测
LDPE装置	1	过氧化物废液坑含烃气体	连续	异十二烷	半封闭	/	大气	无组织挥发
	2	添加剂料斗风机含尘气体	间断	颗粒物	24	1	大气	单机收尘
	3	脱气料仓和干燥器含烃废气	连续	含微量颗粒物和烃类	/	/	送RTO	/
	4	RTO焚烧炉烟气	连续	非甲烷总烃、NO_x	30	1	大气	监测
PP装置	1	膜分离循环气	连续	含氮气及烃	/	/	烯烃分离装置	/
	2	真空抽吸风机废气	连续	颗粒物	20	1	大气	单机收尘
	3	抽吸系统废气	连续	颗粒物	30	1	大气	不具备监测条件
	4	粒料干燥抽湿风机废气	连续	颗粒物、非甲烷总烃	30	1	大气	监测
	5	掺混料仓废气	连续	颗粒物、非甲烷总烃	30	1	大气	不具备监测条件

装置名称	序号	废气名称	排放规律	污染物名称	排气筒高度/m	排气筒个数/个	治理措施及排放去向	备注
储运系统	1	甲醇罐无组织排放	连续	甲醇	/	/	/	/
	2	液氨无组织排放	连续	氨	/	/	/	/
	3	甲醇卸车设施无组织排放	间断	甲醇	/	/	大气	/
	4	混合C4及戊烯+装车设施无组织排放	间断	烃类	/	/	大气	/
	5	包装料仓排放气	连续	颗粒物	30	1	大气	单机收尘
	6	输煤系统转运站废气	间断	颗粒物	30	1	大气	非本项目
公用工程及辅助工程	1	煤仓排放气	间断	颗粒物	/	/	/	/
	2	动力中心锅炉烟气	连续	SO_2、NO_x、烟尘	210	1	大气	监测
	3	渣库排放气	间断	颗粒物	/	/	大气	/
	4	灰库排放气	间断	颗粒物	/	/	大气	/
	5	富氢火炬燃烧烟气	间断	NO_x、非甲烷总烃	150	1	大气	不具备监测条件
	6	重烃火炬燃烧烟气	间断	NO_x、非甲烷总烃	150	1	大气	

装置名称	序号	废气名称	排放规律	污染物名称	排气筒高度/m	排气筒个数/个	治理措施及排放去向	备注
公用工程及辅助工程	7	酸性火炬燃烧烟气	连续	二氧化硫	150	1	大气	不具备监测条件
	8	开停工火炬燃烧烟气	间断	NO$_x$、非甲烷总烃	50	1	大气	
	9	氨火炬	间断	氨氮	50	1	大气	
	10	废碱液焚烧炉焚烧烟气	连续	NO$_x$、烟尘	50	1	大气	废气含湿量大,无法监测

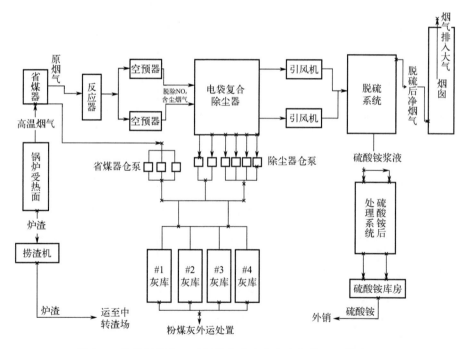

图 8.4 神华新疆化工公司热电生产中心废气处理工艺流程图

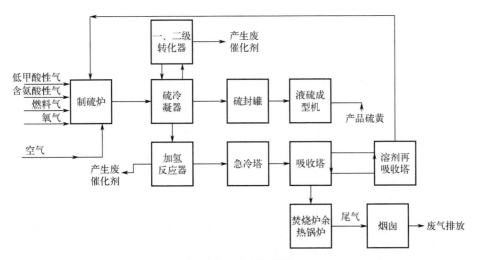

硫黄回收装置工艺流程图

图 8.5 神华新疆化工公司硫黄回收阶段废气处理工艺流程图

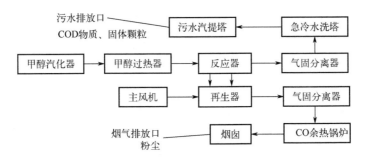

图 8.6 神华新疆化工公司 MTO 再生烟气处理工艺流程图

8.2.4.2 水体污染物排放

神华新疆化工公司污水处理站采用"预处理＋A/O（前置反硝化）＋曝气生物滤池（BAF）"处理工艺。由污水预处理、A/O 生化处理、曝气生物滤池（BAF）、污泥处理、加药、事故池、雨废水泵站等系统组成，引用美国 GE 公司的絮凝软化沉淀＋氨气提灰水处理技术及美国 Aquatech 公司的全自动化机械蒸汽再压缩降膜循环蒸发零排放技术，分别建成国内首套 $350m^3/h$ 气化灰水预处理装置以及新疆首套 $70m^3/h$ 浓盐水蒸发结晶装置，努力实现废水"零排放"及循环利用。装置在设计中充分考虑不同污水水质、水量进行预处理，并考虑到来水氨氮浓度较大，采用比较成熟的 A/O 工艺，对水中氨氮和 COD_{Cr} 进行脱除。神华新疆化工公司对产生的污水进行处理后全部综合利用，并保证污水经处理后各污染物的排放量均达到《污水综合排放标准》（GB 8978—1996）、《炼焦化学工业污染物排放标准》（GB 16171—2012）中的限值规定。

（1）废水中污染物达标排放情况

表 8.9 所示为 2018 年 3 月 27 日、7 月 13 日神华新疆化工公司废水排放的检测结果，其中，pH、氨氮、悬浮物、化学需氧量、石油类、总磷、总氮、氰化物、五日生化需氧量、挥发酚、溶解性总固体的排放量均符合《污水综合排放标准》（GB 8978—1996）中的一级排放标准的限值要求。

◆ 表 8.9　2018 年神华新疆水污染物排放及达标情况

序号	污染物项目	单位	国家排放标准（一级）	企业排放值		是否达标
				抽检样品 1	抽检样品 2	
1	pH	无量纲	6～9	7.46	8.37	达标
2	氨氮	mg/L	15	0.202	0.207	达标
3	悬浮物	mg/L	70	30	18	达标
4	化学需氧量	mg/L	100	15	27	达标
5	石油类	mg/L	5	0.21	0.16	达标
6	总磷	mg/L	1.0	0.55	0.97	达标
7	总氮	mg/L	20	9.66	10.3	达标
8	氰化物	mg/L	0.50	0.004	＜0.004	达标
9	五日生化需氧量	mg/L	20	8.2	10.3	达标
10	挥发酚	mg/L	0.50	＜0.0003	＜0.0003	达标
11	溶解性总固体	mg/L	—	2208	426	—

（2）废水处理

公司废水经过污水生化装置、废碱液焚烧装置、蒸发结晶装置、含盐废水膜处理装置、高效膜浓缩处理装置等工段的处理后，各污染物减排明显。公司对产生的污水进行处理后全部综合利用，并保证污水经处理后各污染物排放均达到《污水综合排放标准》（GB 8978—1996）的标准及园区污水处理厂的接管标准后排入园区污水处理厂。表 8.10 列出了公司废水产生及治理情况，废水处理的工艺流程如图 8.7 所示。

煤化工行业
绿色工厂创建与评价

◆ 表 8.10　废水产生及治理情况一览表

装置名称	序号	废水名称	排放规律	污染物名称	排放量/（t/h）	处理措施及排放去向
气化装置	1	灰水氨汽提副产氨水	连续	NH_3	1	送动力中心利用
	2	气化废水	连续	Na^+、Cl^-、CN^-、COD、BOD_5	250	污水处理厂生化处理系统
净化装置	1	变换工段高温冷凝液	连续	氨氮、S^-	560.9	返回气化装置利用
	2	变换工段低温冷凝液	连续	氨氮	174.44	返回气化装置利用
	3	变换工段汽提器冷凝液	连续	氨氮、S^-	2.92	送动力中心利用
	4	变换工段排污水冷却器	连续	pH、TDS	19.2	送污水处理厂生化处理装置
	5	酸性气脱除工段甲醇/水分离塔废水	连续	COD、CH_3OH、氨氮	6	送污水处理厂生化处理装置
	6	硫回收工段酸性气缓冲罐及冷却塔酸性水	连续	pH、氨氮、S^-	1.55	送变换单元氨汽提塔
甲醇合成装置	1	锅炉汽包排污罐排污	连续	pH、COD、SS、总氮、总磷、石油类	3	送污水处理厂生化处理系统
MTO装置	1	污水汽提塔	连续	pH、COD、甲醇	207	送污水处理厂生化处理系统
	2	锅炉排污	连续	pH、COD、SS、总氮、总磷、石油类、TDS	1	送污水处理厂生化处理系统
	3	取样冷却器、机泵等	间断	石油类、COD	6	送污水处理厂生化处理系统
烯烃分离装置	1	甲醇洗涤塔	连续	甲醇、二甲醚、乙醇、含氧化物	62.05	返回MTO装置
LDPE装置	1	颗粒水箱	连续	PE粉末	5	汇集至聚合物废水池，去除粉末后，泵送污水处理厂生化处理装置

装置名称	序号	废水名称	排放规律	污染物名称	排放量 /（t/h）	处理措施及排放去向
PP装置	1	催化剂中和罐排水	连续	聚合物粉末	0.06	送污水处理厂生化处理系统
	2	切粒水系统溢流水	间断	SS	4.94	送污水处理厂生化处理装置
储运系统	1	罐区切水及地面冲洗水	间断	TDS、石油类	1	送污水处理厂生化处理装置
	2	汽车装卸设施地面冲洗水	间断	TDS	1	送污水处理厂生化处理系统
	3	聚烯烃包装库房地面冲洗水	间断	SS	2	在废水池撇去粉末后送污水处理厂生化处理装置
	4	输煤系统地面冲洗水	间断	TDS	2	送污水处理厂生化处理装置
公用工程及辅助工程	1	净水厂离心脱水机滤液	连续	SS：1%、COD＜100	0	未投运
	2	第一循环水厂排污	连续	COD：90、SS：60、TDS	77	送污水处理厂含盐废水膜回收装置
	3	第二循环水厂排污	连续	COD、SS	175	直接作为第二循环水厂的补充水
	4	化学水处理装置排水	连续	TDS	102.6	送污水处理厂生化处理装置
	5	锅炉定排	连续	石油类	7.6	送污水处理厂生化处理装置
	6	动力中心含油污水	间断	COD、SS、TDS	0	送污水处理厂含盐废水膜处理装置
	7	废碱液焚烧炉	连续	COD_{Cr}、石油类、氨氮	6	送污水处理厂生化处理装置
	8	中心化验室	连续	COD、BOD、SS	12	送污水处理厂生化处理装置
	9	生活污水	连续	COD、BOD、SS	28	送污水处理厂生化处理装置
	10	初期雨水	间断	COD、BOD、SS	1	送污水处理厂生化处理装置

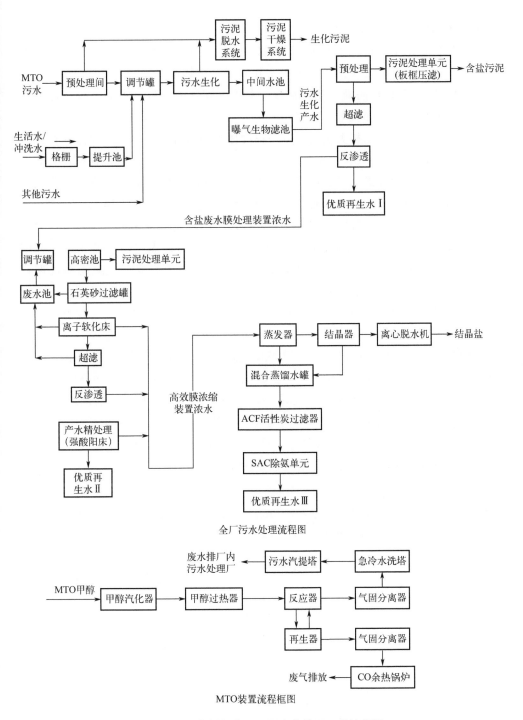

全厂污水处理流程图

MTO装置流程框图

图 8.7 神华新疆化工公司废水处理工艺流程图

8.2.4.3 固体废物处理

神华新疆化工公司产生的所有固体废物及危险废物均交由具有资质的第三方机构进行处置；严格按照国家相关规定建立了《固体废物管理办法》《危险化学品管理程序》，严格控制固体废物排放，对不同固体废物进行不同处置，包括回收、综合利用、统一处置等。

公司严格按照国家相关规定，对一般固体废物执行《一般工业固体废物贮存和填埋污染控制标准》（GB 18599—2020）；危险废物在厂区内的贮存执行《危险废物贮存污染控制标准》（GB 18597—2023）。目前已编制了《固体废物管理办法》《危险化学品管理程序》，对产生的固体废物的排放、处理、回收、利用及无害化处置等进行了详细规定。固体废物管理以"减量化、资源化、无害化"为原则，合理利用原材料、能源等，采用先进生产技术和管理方式，提高资源利用率，减少固体废物产生。固体废物实行分类处理；各中心建立危险废物管理台账，实行危险废物申报登记制度等。

公司排放的固体废物主要有各种废催化剂、废吸附剂、废液等。其中，一般固体废物主要包括粉煤灰、锅炉渣、石灰污泥、气化渣、生活垃圾等 5 类。2018年，粉煤灰产生量为 78700t，外运至附近的商混站或砖厂；锅炉渣产量为18491t，石灰污泥产量为 36547t，由新疆博润市政有限公司处理；气化渣产量为230910t，由新疆博润市政有限公司及乌鲁木齐米东区宏帅矸石厂处理。一般固体废物排放满足环保要求；危险废物主要包括生化污泥、PE 废油、废润滑油、MTO 混烃等，所有危废均合规处置，具体去向见表 8.11。神华新疆化工公司气化装置阶段废渣排放与处理的工艺流程如图 8.8 所示。

◆ 表 8.11 2018 年神华新疆固体废物产生量及处置情况

种类	固废类型	产生量/t	处置量/t	贮存量/t	去向
一般固废	气化粗渣	230810.02	229914.41	895.61	1. 气化渣去向为新疆博润市政有限公司及乌鲁木齐米东区宏帅矸石厂；2. 锅炉渣及石灰污泥去向为新疆博润市政有限公司
	气化细渣	104683.01	101344.61	3338.40	
	锅炉渣	18490.57	17049.82	1440.75	
	石灰污泥	36547.14	31693.51	4853.63	
	粉煤灰	78700.05	78013.65	686.40	由粉煤灰运输单位外运至附近的商混站或砖厂
	合计	469230.79	458016	11214.79	

种类	固废类型	产生量/t	处置量/t	贮存量/t	去向
危险废物	生化污泥	2450.8	2363.71	87.09	克拉玛依沃森环保科技有限公司
	黄油	692.5	690.55	1.95	
	MTO混烃	2671.45	2671.45	0	和静亿达物资再生利用回收有限公司
	PE废油及废润滑油	386.35	386.35	0	鄯善久隆源技术开发服务有限公司
	废碱液	7406.7	7406.7	0	厂区内焚烧无害化处理
	废碱液残渣	40.7	37.05	3.65	克拉玛依沃森环保科技有限公司
	分析废液	0.185	0.15	0.035	
	废过氧化物	8.05	8.05	0	
	废蜡	25.05	25.05	0	
	MTO废催化剂	798.45	798.45	0	
	硫黄回收废催化剂	10.5	10.5	0	
合计		14490.885	14398.16	92.725	

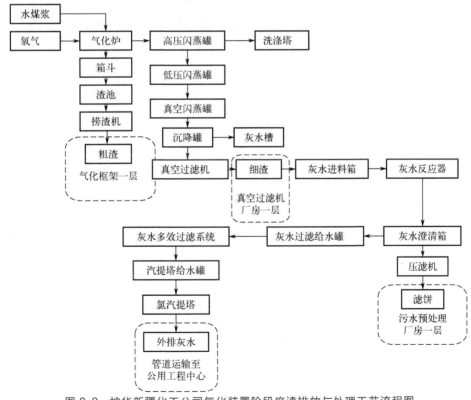

图 8.8 神华新疆化工公司气化装置阶段废渣排放与处理工艺流程图

8.2.4.4 环境噪声排放

公司厂界噪声执行《工业企业厂界环境噪声排放标准》（GB 12348—2008）的 3 类标准，噪声源主要来自各生产中心的大型机泵、压缩机、风机等，其防治首先从声源上进行控制，其次从传播途径上进行控制，公司从厂房设计、设备采购、设备设施运行过程均考虑了降噪和消除噪声措施，严格控制噪声源点。除定期组织对噪声场所进行噪声监测外，每年聘请第三方有检测资质的单位——新疆新环监测检测研究院（有限公司）对厂界环境噪声排放进行检测，分别抽样选取不同时间、不同测点位置作为噪声检测点，噪声检测结果如表 8.12 所示。由表 8.12 可知，神华新疆化工公司昼间、夜间的噪声检测值均满足国家排放标准（昼间≤65dB，夜间≤55dB）。

◆ 表 8.12　2018 年神华新疆化工公司厂界环境噪声排放抽样调查情况

类别	测点位置	测量时间	主要噪声源	噪声检测值/dB				是否达标
				排放标准		企业检测值		
				昼间	夜间	昼间	夜间	
厂界3类	西侧北边	2018.10.16—17	生产噪声	65	55	57.0	54.1	达标
	西侧南边	2018.10.16—17	生产噪声	65	55	57.6	54.8	达标
	南侧西边	2018.10.16—17	生产噪声	65	55	56.5	54.2	达标
	南侧东边	2018.10.16—17	生产噪声	65	55	54.3	52.2	达标
	东侧南边	2018.10.16—17	生产噪声	65	55	56.7	53.4	达标
	东侧北边	2018.10.16—17	生产噪声	65	55	50.5	48.7	达标
	北侧东边	2018.10.16—17	生产噪声	65	55	54.6	50.3	达标
	北侧西边	2018.10.16—17	生产噪声	65	55	55.0	51.9	达标

神华新疆化工公司设计和采购时均选择低噪声设备，注重开展降噪处理的相关工作，并从以下方面采取措施。

源头降噪：设备选型中要求供货厂商对高噪声设备采取减噪措施，如对高噪声设备采取必要的消音、隔音措施。

装置区防噪：①对运行噪声较大的设备，采用隔声降噪措施，将其安放在封闭厂房或室内；采用消声措施，在锅炉对空排气口、锅炉房送引风机进出口、脱硫装置中的增压风机和氧化风机等处加装消声器；②对压缩机、引风机、磨煤机及破碎机房，设集中的隔声控制室，减少室内噪声传至室外；③转动机械部位加装减振固肋装置，锅炉房内的碎煤机设置减振底座，泵的进、出口均采用减振软接头；④在汽包、过热器出口、再热器进口和出口等处装设消声器，设备与地面或楼板连接处要采用隔振基础或弹性软连接的减振装置；⑤火炬系统的噪声采取控制水封高度以抑制水封液面波动噪声，采用多孔喷射的蒸汽喷射器降低蒸汽喷射噪声以及在喷嘴处安装消声罩等措施。

绿化降噪：将厂区内产生高强噪声的厂房车间周围、厂区作为绿化重点。生产区重点是主厂房与其他高噪声车间周围及厂区道路。在厂区围墙外面种植防护林。

8.3 绿色工厂的评价

8.3.1 创建的基本要求

① 绿色工厂应依法设立，在建设和生产过程中应遵守有关法律、法规、政策和标准[4]。

② 近三年（含成立不足三年）无较大及以上安全、环保、质量等事故。

③ 对利益相关方的环境要求做出承诺的，应同时满足有关承诺的要求。

④ 最高管理者在绿色工厂方面的领导作用和承诺满足 GB/T 36132—2018 中 4.3.1 a）的要求。

⑤ 最高管理者应确保在工厂内部分配并沟通与绿色工厂相关角色的职责和权限，且满足 GB/T 36132—2018 中 4.3.1 b）的要求。

⑥ 工厂应设有绿色工厂管理机构，负责有关绿色工厂的制度建设、实施、考核及奖励工作，建立目标责任制。

⑦ 工厂应有开展绿色工厂创建的中长期规划及年度目标、指标和实施方案。可行时，指标应明确且可量化。

⑧ 工厂应传播绿色制造的概念和知识，定期为员工提供绿色制造相关知识的教育、培训，并对教育和培训的结果进行考评。

8.3.2 评价指标自评表

绿色工厂评价指标自评表见表8.13。

◆ 表 8.13　绿色工厂评价指标自评表

一级指标		二级指标具体要求	指标值是否符合评价要求
基础设施	必选	工厂的建筑应满足国家或地方相关法律法规及标准的要求	符合
		新建、改建和扩建建筑时，应遵守国家"固定资产投资项目节能评估审查制度""三同时制度""工业项目建设用地控制指标"等产业政策和有关要求	①符合国家"固定资产投资项目节能评估审查制度"及"三同时制度"；②投资强度控制指标8797.7万元/公顷；③容积率为0.6；④建筑系数41%；⑤工业项目所需行政办公及生活服务设施用地面积为4.2%；⑥绿地率为18.3%
		厂房内部装饰装修材料中醛、苯、氨、氡等有害物质必须符合国家和地方法律、标准要求	符合
		危险品仓库、有毒有害操作间、废物处理间等产生污染物的房间应独立设置	符合，设立危险品仓库、废物处理间
		人工照明应符合GB 50034—2013规定	符合，功率密度均在GB 50034—2013要求范围内
		不同场所的照明应进行分级设计	符合
		工厂使用的专用设备应符合产业准入要求，降低能源与资源消耗，减少污染物排放	符合。2016年投产，专用设备均为行业内最先进设备
		适用时，工厂使用的通用设备应达到相关标准中能效限定值的强制性要求。已明令禁止生产、使用的和能耗高、效率低的设备应限期淘汰更新	符合。淘汰公司原有落后电机79台，按照淘汰计划，已更换65台，剩下14台将在今年更新
		工厂使用的通用设备或其系统的实际运行效率或主要运行参数应符合该设备经济运行的要求	电机使用了节能变频电机，定期对锅炉、换热设备、起重设备等主要设备进行分批次检测，通用设备运行参数满足经济运行要求
		工厂应依据GB 17167—2006、GB/T 24789—2022等要求配备、使用和管理能源、水以及其他资源的计量器具和装置	电、蒸汽、水、原煤、燃料煤配备率均为100%，满足GB 17167—2006、GB/T 24789—2022等的要求

一级指标		二级指标具体要求	指标值是否符合评价要求
基础设施	必选	能源及资源使用的类型不同时，应进行分类计量。工厂若具有以下设备，需满足分类计量的要求：①照明系统；②冷水机组、相关用能设备的能耗计量和控制；③室内用水、室外用水；④空气处理设备的流量和压力计量；⑤锅炉；⑥冷却塔	公司计量部门根据实际情况，从科学性、经济性和实用性的角度对锅炉等主要用能设备进行分类计量
		必要时，工厂应投入适宜的污染物处理设备，以确保其污染物排放达到相关法律法规及标准要求。污染物处理设备的处理能力应与工厂生产排放相适应，设备应满足通用设备的节能方面的要求	公司污染物处理设备处理能力大于实际排放情况，未发生超标排放情况
	可选	建筑材料：①选用用能低、高性能、高耐久性和本地建材，减少建材在全生命周期中的能源消耗；②室内装饰装修材料满足国家标准 GB 18580～18588 和《建筑材料放射性核素限量》GB 6566—2010 的要求	符合
		建筑结构：采用钢结构、砌体结构和木结构等资源消耗和环境影响小的建筑结构体系	公司采用了钢结构、砌体结构的建筑结构体系
		绿化及场地：①场地内设置可遮阴避雨的步行连廊；②厂区绿化适宜，优先种植乡土植物，采用少维护、耐候性强的植物，减少日常维护的费用；③室外透水地面面积占室外总面积的比例不小于30%	全公司绿化率约为18.3%，室外绿化面积占总室外面积的30.9%，透水地面面积大于绿化面积，故公司室外透水地面面积大于30%，公司设有步行连廊
		再生资源及能源利用：①可再生能源的使用占建筑总能耗的比例大于10%；②采用节水器具和设备，节水率不低于10%	公司建筑未使用可再生能源，使用了节水器具
		适用时，工厂的厂房采用多层建筑	公司厂房采用了多层建筑
		工厂厂区及各房间或场所的照明尽量利用自然光	工厂厂区及房间采用了自然光照明
		工艺适用时，节能灯等节能型照明设备的使用占比不低于50%	节能灯具共 17188 台，占比72.6%
		公共场所的照明采取分区、分组与定时自动调光等措施	采取了分区控制和自控控制的节能措施
		工厂使用的通用用能设备采用了节能型产品或效率高、能耗低、水耗低、物耗低的产品	公司在采购时优先考虑采购节能型设备

一级指标	二级指标具体要求		指标值是否符合评价要求
管理体系	必选	工厂应建立、实施并保持质量管理体系和职业健康安全管理体系。工厂的质量管理体系应满足 GB/T 19001—2016 的要求，职业健康安全管理体系应满足 GB/T 28001—2001 的要求	通过质量管理体系第三方认证，职业健康安全管理体系严格按照集团公司要求开展，集团要求严于 GB/T 28001—2001
		工厂应建立、实施并保持环境管理体系。工厂的环境管理体系应满足 GB/T 24001—2016 的要求	通过环境管理体系第三方认证
		工厂应建立、实施并保持能源管理体系。工厂的能源管理体系应满足 GB/T 23331—2012 的要求	建立了能源管理方针，能源目标、过程和程序目标以及实现能源绩效目标，为制定、实施、实现、评审和保持能源方针提供所需的组织机构、规划活动、机构职责、惯例、程序、过程和资源
	可选	通过质量管理体系和职业健康安全管理体系第三方认证	通过质量管理体系第三方认证
		通过环境管理体系第三方认证	通过环境管理体系第三方认证
		通过能源管理体系第三方认证	能源管理体系第三方认证工作已立项
		每年发布社会责任报告，说明履行利益相关方责任的情况，特别是环境社会责任的履行情况，报告公开可获得	发布了社会责任报告
能源资源投入	必选	工厂应优化用能结构，在保证安全、质量的前提下减少不可再生能源投入	2018 年聚烯烃单位产品能耗为 4.86 吨标准煤/吨产品，优于集团公司给企业下达的 5.85 吨标准煤/吨产品的能耗指标。与去年同期相比新疆公司原料煤消费占比大幅提高，燃料煤消费占比大幅下降
		工厂应按照 GB/T 7119—2018 的要求对其开展节水评价工作，且满足 GB/T 18916（所有部分）中对应本行业的取水定额要求	公司开展了节水评价工作，暂无行业取水定额要求

煤化工行业
绿色工厂创建与评价

一级指标		二级指标具体要求	指标值是否符合评价要求
能源资源投入	必选	工厂应减少材料,尤其是含有害物质材料的使用,评估有害物质及化学品减量使用或替代的可行性	符合,公司单位产品用水量为19.41吨/吨产品,优于国内同行企业包头煤制聚烯烃和榆林煤制聚烯烃的平均值24吨/吨产品,通过回收和循环利用减少有害物质的使用
		工厂应按照 GB/T 29115—2012 的要求对其原材料使用量的减少进行评价	公司按 GB/T 29115—2012 的要求对原材料使用量的减少进行评价
		工厂应制定并实施包括环保要求的选择、评价和重新评价供方的准则	供应商选择要求中包含环保要求
		工厂应确定并实施检验或其他必要的活动,以确保采购的产品满足规定的采购要求	公司具备原料检验能力,部分原料委外进行测试,能保证满足采购要求
	可选	建有能源管理中心	暂未建设
		建有厂区光伏电站、智能微电网	未建有厂区光伏电站、智能微电网
		使用了低碳清洁的新能源	未使用新能源
		使用可再生能源代替不可再生能源	未使用可再生能源
		充分利用余热余压	公司开展多项技术改造,充分利用余热余压
		使用回收材料、可回收材料替代原生材料、不可回收材料	公司使用可回收利用的催化剂替代不可再生的催化剂,使用再生水替代新鲜水
		替代或减少全球增温潜势较高的温室气体的使用	公司原料中不存在全球增温潜势较高的温室气体
		工厂向供方提供的采购信息包含有害物质使用、可回收材料使用、能效等环保要求	采购信息中包含煤炭中有害物质的限制要求
		满足绿色供应链评价要求	部分满足。公司具有细致的采购管理制度,实施绿色采购,加强供方准入管理

一级指标	二级指标具体要求		指标值是否符合评价要求
产品	必选	工厂在产品设计中引入生态设计的理念	从原材料选择绿色化、生产工艺绿色化、产品性能绿色化推动产品的生态设计
		工厂生产的产品（包括原料和辅料）应减少有害物质的使用，避免有害物质的泄漏，满足国家对产品中有害物质限制使用的要求	公司产品无有害物质
		工厂生产的产品若为用能产品或在使用过程中对最终产品/构造的能耗有影响的产品，适用时应满足相关标准的限定值要求。未制定标准的，产品能效应不低于行业平均值	不适用
	可选	按照 GB/T 24256—2009 对生产的产品进行生态设计	从原材料选择绿色化、生产工艺绿色化、产品性能绿色化推动产品的生态设计
		按照 GB/T 32161—2015 对生产的产品进行生态设计产品评价，满足绿色产品（生态设计产品）评价要求	不适用，无公司产品对应的绿色产品评价要求
		实现有害物质替代	公司产品无有害物质
		达到相关标准中的节能评价值/先进值要求，未制定标准的，产品能效达到行业前 20% 的水平	不适用
		采用适用的标准或规范对产品进行碳足迹核算或核查	碳足迹为 9.62 tCO_2-eq/t 聚乙烯产品
		利用核算或核查结果对其产品的碳足迹进行改善，核算或核查结果对外公布	通过降低产品生产过程温室气体排放，减少碳足迹
		适用时，产品满足相关低碳产品要求	不适用
		按照 GB/T 20862—2007 的要求计算其产品的可回收利用率	公司聚乙烯树脂和聚丙烯树脂，均可回收再生使用，可回收利用率 100%
		利用计算结果对产品的可回收利用率进行改善	不适用，产品可回收率无改善空间

一级指标	二级指标具体要求		指标值是否符合评价要求
环境排放	必选	工厂的大气污染物排放应符合相关国家标准、行业标准及地方标准要求，并满足区域内排放总量控制要求	公司大气污染物排放符合国家大气污染物排放标准
		工厂的水体污染物排放应符合相关国家标准、行业标准及地方标准要求，或在满足要求的前提下委托具备相应能力和资质的处理厂进行处理，并满足区域内排放总量控制要求	符合《污水综合排放标准》（GB 8978—1996）中的一级排放标准，满足区域总量控制要求
		工厂产生的固体废物的处理应符合 GB 18599—2020 及相关标准的要求。工厂无法自行处理的，应将固体废物转交给具备相应能力和资质的处理厂进行处理	神华新疆化工公司排放的固体废物主要有各种废催化剂、废吸附剂、废液等。神华新疆化工公司产生的所有固体废物及危险废物均交由具有资质的第三方机构进行处置；严格按照国家相关规定建立了《固体废物管理办法》《危险化学品管理程序》，严格控制固体废物排放，对不同固体废物进行不同处置，包括回收、综合利用、统一处置等
		工厂的厂界环境噪声排放应符合相关国家标准、行业标准及地方标准要求	符合，未发生噪声超标问题
		工厂应采用 GB/T 32150—2015 或适用的标准或规范对其厂界范围内的温室气体排放进行核算和报告	2018 年公司碳排放总量为 6722269 吨
	可选	工厂的主要大气污染物排放满足标准中更高等级的要求	符合
		工厂的主要水体污染物排放满足标准中更高等级的要求	符合《石油化学工业污染物排放标准》（GB 31571—2015）中的特别排放限值
		工厂获得温室气体排放量第三方核查声明	委托新疆中创碳投环境科技有限公司全面开展 2016—2017 年碳排放数据盘查工作
		核查结果对外公布	在国家能源集团碳排放数据公开平台公开企业碳排放数据
		可行时，利用核算或核查结果对其温室气体的排放进行改善	采取节能技改措施，降低能源消耗碳排放；优化工艺路线，节约原材料，减少工艺过程碳排放

一级指标		二级指标具体要求	指标值是否符合评价要求
绩效	必选	容积率	0.6
		建筑密度	41%
		单位用地面积产能（或单位面积产值）	0.2150 万元/m^2
		绿色物料使用情况（率）	66.6%
		单位产品主要污染物产生量	二氧化硫 0.2058kg/t；氮氧化物 0.6890kg/t；烟尘 0.1180kg/t；化学需氧量 0.1501kg/t；氨氮 0.0032kg/t
		单位产品废气产生量	0.8759 万 m^3/吨
		单位产品废水产生量	4.38$t_{废水}$/$t_{产品}$
		单位产品主要原材料消耗量	3.39 $t_{原料煤}$/$t_{产品}$
		工业固体废物综合利用率	94.7%
		废水处理回用率	68.4%
		单位产品综合能耗	2018 年，单位聚烯烃产品综合能耗值为 3077217.50tce/63.36 万吨＝4.86tce/t
		单位产品碳排放量	单位烯烃产品碳排放量为 10.61t_{CO_2}/$t_{产品}$

8.4 神华新疆化工有限公司绿色工厂的发展规划及建议

8.4.1 发展规划

对绿色制造的实施为该公司绿色工厂的建成提供了基础，神华新疆化工公司制定了下一步绿色制造实施计划和工作重点，计划开展的重点工作主要围绕绿色集成、节能减排、循环经济等方面展开[5]。

（1）绿色集成

公司将在现有绿色工厂建设的基础上，持续推进完善绿色工厂制度（如《危险品管理办法》《消防管理办法》《计量设备鉴定人员上岗规范》）的建设，新建危险品仓库，提高消防设施配置，分类计量设备设施，规范计量设备鉴定人员上岗规章制度，确保计量设备鉴定人员持证上岗；加快推进四个管理体系（环境管理体系、职业健康安全管理体系、能源管理体系、风险管理体系）和四个体系认证（环境管理体系认证、职业健康管理体系认证、能源管理体系认证、风险管理体系认证）工作、能管中心建设、MES 系统建设；并按照绿色供应链评价体系的要求，对现有供应链进行升级改造，开展碳排放、产品碳足迹核查，并将结果对外公开；进一步加强绿色工厂和绿色集成体系的教育培训，对绿色工厂评价指标进行量化和责任落实。

（2）节能减排

神华新疆化工公司在设备选型上选用节能先进设备，工艺上选用先进生产技术。鼓励企业使用可再生能源替代不可再生能源，加强对可再生资源及能源的使用；加快 MTO 余热锅炉改造工作，建立卸储配煤和中转渣场，推进循环水节水消雾工作，从声源、传播途径、接收点三方面治理噪声，合理配置设备和灯具的数量及位置，在满足使用和照明的前提下尽量减少设备和灯具的装备容量；建筑物设计满足通风、采光要求，避免由于暂时没有采用空调设备所带来的影响；采用节水措施，减少污水排放。采用感应式出水阀及节水型设备，加强自来水管网的管理，及时排除管网泄漏现象，尽可能通过循环池对水进行循环利用。加强节能减排综合管理，强化环境管理，严格执行"三同时"制度；加强生产管理，提高职工的环境保护意识，做好事故防范和环境监督监测工作，做到节水、节能，防止跑冒滴漏、杜绝事故发生；把环境保护贯穿于设计、施工、生产的全过程，并与生产者的经济利益挂钩，鼓励工艺创新和改进，降低排污总量，使项目对环境的不利影响降到最低程度；制定《台账管理规范》，定期检测产品能耗、污染排放情况，及时发布检测报告。加强厂区绿化，在厂区总体布局上综合布置行道树和空地绿化，合理配置绿化树种与植物，形成有机的环境保护系统，充分发挥绿化阻隔噪声、净化空气、滤尘及美化环境等环保作用，提高厂区的环境质量。公司将力争实现环保"三废"治理绿色化关键工艺技术突破和集成应用，以及环保"三废"主要污染物的近零排放，走资源节约、低碳节能、循环利用、环境友好的绿色可持续发展之路。

（3）循环经济

在神华新疆化工公司内部，通过技术创新与制度创新，完善具有绿色设计理念的工艺流程，研发符合循环经济要求的工艺与流程技术，围绕绿色发展中关键技术的研发，推进循环经济可持续发展；在企业间、行业间、区域间建立循环、反馈、共生、耦合的生产流程，形成围绕核心企业的循环经济产业链及循环型产业集群；完善社会循环经济运行机制，建立生产、消费和回收利用的循环经济社会体系；规划实施循环经济重点项目；构建循环经济公共平台；打造化工行业绿色发展的有效模式，树立绿色循环经济行业发展标杆，发挥绿色制造体系行业示范引领作用。

8.4.2 发展建议

现代煤化工是未来很长一段时间内的趋势，在发展的过渡时期，要考虑好现代煤化工项目在一定程度上受到传统煤化工的影响，基数大的传统煤化工会使整个市场出现供给不平衡，不是说传统的煤化工失去了营利能力，主要原因是落后的生产工艺技术产生高污染、低收益的结果，他们终究无法适应新政策下的市场竞争，而现代煤化工更注重节能高效，提高效益的同时减少排放、污染，更注重技术的发展和整体系统相平衡，加快先进技术的研发是现代煤化工竞争的来源，新疆煤炭资源为煤化工的发展提供了先天的条件，使煤化工具有更强的市场竞争力。

国际油价的下跌一度影响到了煤化工的发展，但是作为一种清洁的煤化工产品，它的优势无疑是巨大的，更高效的煤炭转化率，对环境更低的排放污染，在中国富煤少油的国情下现代煤化工更适合发展，当然要想利益最大化就要通过大型装置，高新科技来提高煤炭的价值优势，并且它的发展还会带动其他行业的稳步前进。优质的新疆煤炭将会有利于神华新疆煤化工走自己特色的煤化工路线，以新产品推动煤化工产业深层次发展。走出一条新疆特色的煤化工产业之路，加快煤化工产品市场的消费变革，以绿色煤化工为基础、低碳为路线、高效为目标带动全区煤化工行业的转型。

（1）推进煤化工产业一条龙

逐渐摆脱煤化工项目单一的生产模式，煤化工生产中会用电、用水、用蒸汽，完全可以把这些内容综合起来，实现一体化发展，一方面为煤化工提供生产基础，也可以进一步降低成本，提高资源的综合利用效率。煤制天然气、煤制烯烃大型煤化工装置与气化装置、蒸汽系统、电力系统联合起来，并提升煤化工副产品的经济效益，如煤渣制氧化铝、二氧化碳制绿藻等。

（2）以科技创新，加大研发

我国煤化工最难的问题就是科技问题，没有自己的专利技术就会受制于人，不说高昂的专利费，昂贵的设备装置，没有技术水平，一套煤化工装置根本没有办法生产。煤化工这种技术密集的行业，它的科研成果不是一朝一夕就能发展出来的，我们必须做好技术储备，为将来煤化工的发展奠定技术基础，新疆作为煤化工基地有很多先进的企业，可以和这些企业合作，共同发展，依靠科技创新使煤化工水平提高一个台阶。

（3）减少排放、控制污染、绿色发展

加强环境、水资源的保护，在水资源治理方面力求达到"零排放"。通过回收废气、温室气体再利用的方式，减少环境污染，提高能源利用率。煤炭的清洁利用也是煤化工持续发展的关键因素，为了煤化工行业的长久发展，节能减排、绿色化工将成为煤化工行业长久的努力方向。

（4）提高煤炭利用效率

低端产品生产工艺简单，竞争激烈，利润低，在国家大力推行煤化工项目时我们必须考虑好进入更高端的市场，研发高端的产品，提高煤炭的利用率，提升企业竞争力，使煤化工产品产生更多的附加值，探索高效、低排、多产业链的煤化工生产方式。

（5）提升服务水平

虽然煤化工产品的大力推行促使很多企业开始进入，以往的长期合作关系也会受到一定程度的冲击，在产品一样的情况下，服务售后就成了重要的竞争条件。

（6）提高物流质量

煤化工产品的物流方式是火车或者汽运，由于运输量大，运输时间久，很可能出现包装损坏的情况，期间也接到过包装损坏的投诉，而且煤化工产品多为易燃易爆危险化学品，运输不当极易造成危害。

参考文献

[1] 钱建环. 神华煤化工项目管理案例分析 [J]. 管理观察，2017（21）：25-29.

[2] 钱建环. 神华煤化工项目管理模式研究 [J]. 煤炭经济研究，2017，37（7）：71-77.

[3] 王舒，杨彩云. 配套神华煤化工塑编项目落九原 [N]. 包头日报，2011-03-10（003）.

[4] 冯大任. 神华煤制油化工事业发展战略的影响因素分析 [J]. 内蒙古农业大学学报（社会科学版），2013，15（1）：41-44.

[5] 姜钟严. 神华煤化工项目业主物流一体化管理的实践与探索 [J]. 管理观察，2014（16）：129-133＋135.